TiO_2纳米管阵列的沉积改性与物性研究

盘荣俊　吴玉程　著

合肥工业大学出版社

目　录

第1章 绪 论

本章通过综合大量文献，介绍了 TiO_2 纳米管阵列的特殊性能、应用、制备方法及各种方法的特点，并基于 TiO_2 纳米管阵列性能的不足导出对其改性的必要性。通过综述当前 TiO_2 纳米管阵列改性的进展，分析了各种改性方法的特点，着重阐述了 CdX(X＝S，Se，Te)改性 TiO_2 纳米管阵列的优越性、当前 CdX/TiO_2 纳米管改性阵列的改性方法的不足以及由此导致的改性阵列微观结构缺陷与性能缺陷。在此基础上，提出了本论文的研究内容和选题意义。

1.1 引 言

能源和环境是人类赖以生存的两大要素。能源是人类活动的物质基础，从某种意义上说，人类社会的发展离不开优质能源的出现和先进能源技术的使用。当前，利用太阳光能获得电能的光电转换技术及获得氢能的水光解制氢技术等已成为能源领域中极具发展前景的技术。环境是人类生存的载体，人类的发展也是基于环境的发展而实现的，一旦环境恶化，将导致难以估量的灾难。自20世纪以来，利用太阳辐射来治理环境污染的光催化技术也成了环境污染控制中备受推崇的技术[1~2]。而具有优异性能的半导体材料是以太阳光能获得先进能源和实现环境污染控制的核心所在。因此，寻求具有预期性能的半导体材料就显得尤为重要。

国内外就半导体光电转换和光催化降解污染物等问题进行了广泛的研究，包括：半导体材料的筛选、设计、制备及性能优化，半导体光电转换效率的提高，先进半导体材料的应用等。就半导体材料而言，TiO_2 具有化学性质稳定、电子接受及传导性能好、适用范围广、高效、无毒、生物相容性好等其他半导体材料所不具备的优点;同时,研究表明,TiO_2微纳化后具有更大表面积、更高的量子产率。因此,微纳化的TiO_2材料成了国内外研究的热点。由于TiO_2材料通常都是以薄膜的形式使用的,并且TiO_2薄膜比TiO_2粉体材料具有更好的亲水性——尽管也有研究将TiO_2纳米粉体直接应用光催化,但这也将极大地增加光催化降解的成本并导致二次污染。因此,研究TiO_2纳米薄膜材料的制备、改性及应用便成了一个世界性的课题,当前有关TiO_2纳米薄膜材料的制备、改性及应用等方面的研究文献每年都以成千上万份(篇)递增。

就TiO_2纳米薄膜材料而言,有高度有序的纳米管阵列薄膜和经液相沉积、溶胶-凝胶、化学气相沉积及磁控溅射等各种方法制备的TiO_2纳米薄膜。这两种TiO_2纳米薄膜都具有很高的体积百分数的比表面、低的光生载流子复合率;同时,在应用过程中它们都是以纳米尺度与介质亲密接触,从而更能发挥纳米材料的性能[3~9]。对于经液相沉积、溶胶-凝胶、化学气相沉积及磁控溅射等各种方法制备的TiO_2纳米薄膜来说,膜层是由许多10nm～30nm的TiO_2纳米颗粒构成的,膜层的厚度可以通过制备工艺来控制,而且由纳米颗粒制备的薄膜易于实现离子掺杂。然而,由于纳米颗粒之间不是有序结构而是杂乱分布的,并且在将TiO_2纳米颗粒转化为薄膜时,将不可避免地导致TiO_2纳米材料的表面积和活性中心下降。因此,在光生电子-空穴对的传递过程中,这样的结构无序性将导致更强的电子散射行为发生,从而降低了电子的迁移速率[3~4](如图1-1);其表面积及活性位的下降也将致使TiO_2纳米材料与介质的接触面积和催化性能下降,因而限制其性能的发挥。而高度有序的TiO_2纳米管阵列薄膜由于它独特的结构——高度有序、机械强度好、与介质接触紧密、具有巨大的与介质接触面积等特点,很好地弥合了上述TiO_2纳米薄膜材料的不足,不仅可以提高光能俘获效率,而且可以有效地促进光生电子-空穴对的产生、分离和传递[3~8]。研究证明,在以高度有序的TiO_2纳米管阵列薄膜为电极的太阳能电池系统中,其光电转换效率可达6%,光生载流子的复合率极低[10~12]。

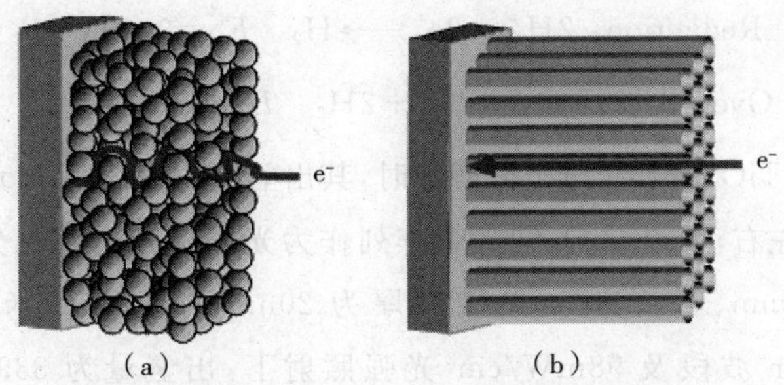

图1-1　载流子在不同结构 TiO_2 纳米薄膜材料中的迁移示意图[3~4]

(a)由 TiO_2 颗粒制备得到的薄膜；(b)高度有序的薄膜

1.2　高度有序的 TiO_2 纳米管阵列薄膜的应用

TiO_2 纳米管阵列薄膜具有巨大的表面积和高度有序的结构，这一独特的结构特点使得它具有优异的光能俘获特性、优异的电荷分离和传递特性以及与介质接触亲密的特性。因此，它在半导体光电解水制氢、传感器、染料敏化电池、光催化还原 CO_2 制碳氢燃料、光催化降解有机污染物、超级电容器及储氢等领域具有极大的潜在用途。此外，由于其生物相容性好等特点，也被应用于生物传感器、分子过滤、药物输送以及生物组织工程等方面。

1.2.1　光电解水制氢

氢能是一种可再生清洁能源，获得并使用氢能长期以来都是人类不懈的追求。制约氢能大规模使用的瓶颈是产氢的效率及成本，而在所有制氢的方法中，利用 TiO_2 光电解水制氢是一种极具潜力的方法。自从 Fujishima 和 Honda[13~15] 发现将 TiO_2 作阴极、钯作阳极放在水中在光照的情况下能够产氢以来，利用太阳能光解水制氢气与氧气的人工光合作用已经成为人类追逐新能源的探索。当 TiO_2 吸收能量大于其能带宽度的光子时，光生电子和空穴将分别在导带和价带上产生，而所产生的电子-空穴对将促使水发生氧化-还原反应[16~18]：

$$\text{Oxidation: } 2H_2O \longrightarrow O_2 + 4H^+ + 4e^- \quad E^0 = 1.23V \tag{1-1}$$

$$\text{Reduction：} 2H^+ + 2e^- \longrightarrow H_2 \quad E^0 = 0.00V \tag{1-2}$$

$$\text{Overall：} 2H_2O \longrightarrow O_2 + 2H_2 \quad E^0 = -1.23V \tag{1-3}$$

利用传统 TiO_2薄膜光电极分解水时，其出氢量约为 390μmol/hW，光量子效率在 1%左右；而以 TiO_2纳米管阵列作为光阳极光电催化分解水制氢时，管径为 110nm、管长为 6nm、管壁厚为 20nm 的 TiO_2纳米管阵列，在 320nm～400nm 波段及 98mW/cm^2 光强照射下，出氢量为 3392μmol/hW (80ml/hW)、光电转化效率提高到 12.25%，明显高于 TiO_2薄膜光电极[19,20]，并且其性能稳定。TiO_2纳米管阵列具有高效光电催化降解水特性是由于较长的纳米管阵列为光电化学反应提供了巨大的表面积，并且钛基上 TiO_2纳米管阵列薄膜的光生电子能更快地进入钛基体，从而有效地减少光生电子与空穴的复合，提高了光电效率。

TiO_2等化学性质稳定的金属氧化物半导体的价带上部能级主要由 O_{2p} 轨道构成，而导带下部则主要由过渡金属的 d 轨道构成。因此，其禁带的电势(～3.0eV)通常都是远高于 H_2O 的氧化电势。因此，对 TiO_2实施能带工程以降低其带宽就显得尤为重要。

1.2.2 光催化

随着社会经济的发展，人类日益清楚环境对人类的重要性。因此，处理环境污染也成了各国的战略决策之一。相对于传统的污染治理方式如吸附、电化学氧化、H_2O_2- $KMnO_4$氧化、离子交换、臭氧处理及氯气处理等方法而言，半导体光催化降解具有成本低、应用范围广、降解彻底且产物环境友好等独特优势。半导体材料在一定能量的光照射下，将产生光致激发，随后产生电子-空穴对(见式(1-4))。由于具有高的氧化电势的空穴的存在，使得有机物直接氧化矿化(见式(1-5))或者与介质作用(见式(1-6))形成反应活性中间体，然后进一步反应而实现有机物的矿化(见式(1-7))：

$$\text{Semiconductor} + h\nu \longrightarrow \text{Semiconductor} + (e^-_{CB} + h^+_{VB}) \tag{1-4}$$

$$h^+_{VB} + \text{organics} \longrightarrow \text{organics}^{\cdot +} \longrightarrow \text{oxidation of organics} \tag{1-5}$$

$$h^+_{VB} + H_2O/OH^- \longrightarrow {}^{\cdot}OH \tag{1-6}$$

$${}^{\cdot}OH + \text{organics} \longrightarrow \text{degradation of the organics} \tag{1-7}$$

在半导体光催化材料中，TiO_2由于电子接受及传导性能好而被视为最有效的环境友好光催化剂[21~31]，而 TiO_2纳米管阵列较其他 TiO_2纳米薄膜表现出更强的吸附性能、更高效的载流子分离能力和光催化活性。因此，目前国内外关于 TiO_2薄膜光催化降解研究已经转移到 TiO_2纳米管阵列薄膜上[15,21,28,30,33,34,40]。对五氯苯酚水溶液的光电催化结果表明，在相同条件下 TiO_2纳米管阵列膜对五氯苯酚降解动力学常数比传统 TiO_2薄膜高出86.5%，TOC 去除率则高出 20%[32]；而以高度有序的 TiO_2纳米管阵列降解甲基橙时，纳米管阵列膜比由溶胶-凝胶法制备的 TiO_2薄膜具有更强的光电流，且纳米管阵列的结构对其光催化性能影响显著：纳米管阵列厚度越大，其光催化性能越好；当管长一致时，管阵列结构越规则，其催化性能越好[33~34,38,39,40]。此外，其光催化性能也受材料的表面积、表面活性中心的影响。当用三维 TiO_2纳米管阵列膜光催化降解甲基蓝时，其一级反应速率常数为 $0.042min^{-1}$，远高于市售催化剂 P25($0.025min^{-1}$)[35]。用 TiO_2纳米管阵列降解亚甲基蓝的结果表明，较大孔径的纳米管阵列对亚甲基蓝的光催化脱色率都在 90%以上。

此外，研究表明，TiO_2纳米管阵列的吸收带比 TiO_2膜有明显蓝移[31,33,34]，说明 TiO_2纳米管阵列禁带更宽、电子-空穴对具有更强的氧化-还原能力——这可能是其具有更高的光催化活性的重要原因。

1.2.3 太阳能电池

能源是人类活动的基础，能源安全是国家的重大战略之一。随着传统能源的过度使用，能源储量已难以支撑人类的需求；同时由于过度使用传统能源，环境问题也日益凸显。相对于传统能源而言，太阳能是一种资源丰富、无需运输的可再生清洁能源。利用太阳能的方式主要有光热转换和光电转换两种，其中太阳能光伏发电技术已成为自 20 世纪中期以来人们利用太阳能的发展趋势。2006 年全球太阳能电池安装规模已达到 1744MW，整个市场产值突破 100 亿美元，较 2005 年增长 19%；2007 年则达到 3436MW，较 2006 年增长了 56%。在不远的将来，太阳能光伏发电将占据世界能源的重要席位，并逐步成为世界能源的主体[41]。

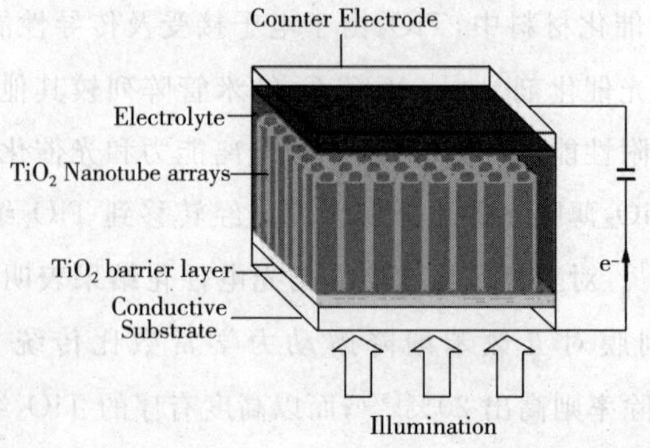

图 1-2 TiO_2纳米管阵列太阳能电池结构示意图[46]

制约太阳能电池的因素主要有成本和效率两方面。纳晶 TiO_2 为光阳极的太阳能电池系统是新近发展起来的，它具有价廉(成本仅为硅太阳能电池的 1/10～1/5)、制作工艺简单和性能稳定(光电转换效率稳定在 10%以上，寿命可达 20 年以上)等特点[41～44]。其缺点是无序性结构和颗粒边界巨大——结构无序性将导致光生载流子在传输过程中强的散射和复合的发生，而巨大的颗粒边界将起到复合中心的作用，导致更高的电子-空穴复合[7]。TiO_2纳米管阵列具有能够与电解质有效接触的巨大表面积、高的载流子分离和传输性能、低的载流子复合率及高的光俘获能力等特点，很好地弥补了纳晶 TiO_2 作光电极的缺点，因此探索 TiO_2纳米管阵列为光阳极的染料敏化太阳能电池的研究方兴未艾[3～5,7,10～12,18,45～50]。Grimes 等组装的直射式 TiO_2纳米管阵列太阳能电池，在 AM(air mass)1.5 时，开路电压为 0.84V，短路电流 J_{sc} 达 10.3mA/cm^2，光电转换效率为 4.7%；背光式电池开路电压为 0.82V，J_{sc} 为 10.6mA/cm^2，光电转换效率为 4.4%。两种组装类型电池的相关参数都明显高于纳晶太阳能电池[46]。

1.2.4 传感器

传感器是人类器官的延伸，没有众多优良的传感器，现代化生产也就失去了基础。随着新技术革命的到来，世界开始进入信息化时代，准确、可靠信息的获取是自动检测和自动控制的首要环节，而传感器是获取信息的主要途径。传感器是基于材料的某种特性实现的，因此具有特定功能的材料的获得是传感器的核心所在。

对于气体传感器而言，气体与所使用材料的相互作用是最基本的表面现象。因此，能够提供巨大敏感表面的纳米多孔结构就很好地迎合了气体传感器所需的这一特点[51~53]。由于 TiO_2 纳米管阵列具有高度有序性及巨大的表面积，在光照下价带中的电子被激发并传递到 TiO_2 的表面。当系统中有氧气存在时，氧分子将俘获光生电子并以 O_2^- 的形式存在，因而 TiO_2 纳米管阵列对氧具有非凡的吸附性能[30]，并且，由于氧的吸附，TiO_2 纳米管阵列的电阻变大[54,55]，因而可用于氧气检测[53]。若吸附了氧的纳米管阵列暴露在氢气中时，氢气能够与氧作用而去除吸附的氧，因而吸附前后 TiO_2 纳米管阵列的电阻呈指数级变化[56~58]且反应快速（反应时间小于 0.1s）。当系统中仅有氢气时，TiO_2 纳米管阵列将直接对氢气进行化学吸附从而导致其电阻显著降低。有研究认为，TiO_2 纳米管阵列的氢敏特性是由于管壁上纳米尺度的表面缺陷提供了高活性的表面态[46]。因此，纳米管的孔径及管壁对其灵敏度影响很大：孔径越小，灵敏度越高；管壁越薄，灵敏度越高[46,56~59]。TiO_2 纳米管阵列氢气传感器还具有自洁净功能：当用紫外线照射被污染的传感器时，它的氢敏特性可以完全恢复[60]。

此外，TiO_2 纳米管阵列还可以用于 CO、甲醇、乙醇[61~64]及湿度[65]等的检测。

1.2.5 储氢

氢能是一种清洁无污染、燃烧发热值仅次于核燃料的二次能源（参见图 1－3）。随着传统能源危机的日益凸显，氢能有望取代传统能源。至今，对氢能的利用已经有长足的进步：自从 1965 年美国开始研制液氢发动机以来，氢能已经被应用于航空航天、汽车、电池等相关领域，氢能的利用已经占全球能源利用的 2.3%。在实际应用中，氢的存储与运输以及氢的获得等因素制约着氢能的发展。就氢的储存而言，目前分别有金属氢化物储氢、液化储氢、吸附储氢和压缩储氢四种方式。但金属化合物储氢和吸附储氢充放气速度慢、储氢容量小，液化储氢则需要一套庞大的冷却系统和极佳的绝热材料，压缩储氢对器具要求高、储量小。因此，开发能够克服上述缺点的储氢方法及材料就显得尤为重要。

研究发现，TiO_2吸氢过程是可逆的，并且TiO_2纳米管阵列比大块的TiO_2具有更好的储氢性能[66,67]。在室温、气压为6MPa的情况下就可以以吸附的形式储存质量分数为2%的氢气，其中物理吸附约占75%，弱的化学吸附占13%、12%与O_2^-健和。当气压下降至常压时，体系将发生物理解吸作用，因物理吸附而储存的氢气便可以释放出来；当温度上升到70℃时，发生弱的化学吸附所占的13%的氢气将以氢气的形式脱附出来。对于多层的TiO_2纳米管阵列膜，氢气可以进入各层间的管壁上形成$TiO_2 \cdot xH_2O$($x\leqslant$1.5并随温度的升高而下降)。

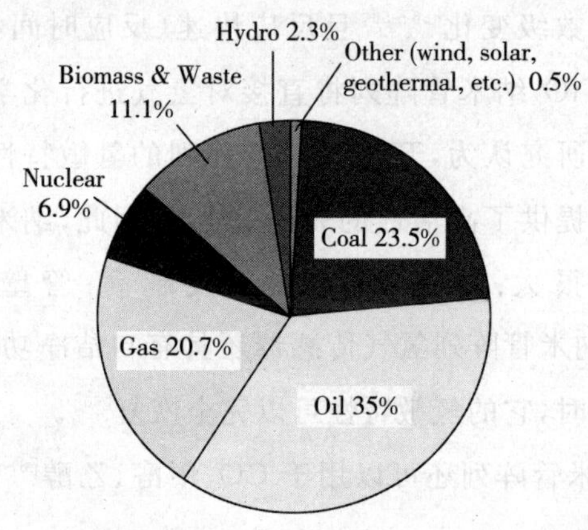

图1-3　当前全球能源利用情况

1.2.6　生物医学

生物医学是综合工程学、医学和生命科学发展起来的交叉学科，是关系人类自身健康的重要工程领域。生物医学是生命科学的研究前沿，在一定程度上代表着生命科学发展的方向和主流，起着带动性和革命性的重大作用，并对人类社会发展和科学本身产生革命性影响。新材料、纳米技术等都将对生物医学的发展提供广泛的支持。

由于TiO_2纳米管阵列具有生物相容性，它被应用于生物传感器[68,69]、提高成骨功能[70]、移植[71,72]、药物输送[73]等方面。并且，由于细胞对TiO_2纳米管阵列的响应[76]，还可以用于细胞分析[74]。在使用过程中，由于TiO_2纳米管阵列的多孔性结构，可以很好地实现表面功能化，从而达到更好的生物相容性[75~80]。其功能化的效果与纳米管的形貌相关。

1.2.7 其他

在外加电场的作用下，一些材料将发生电化学氧化-还原反应，从而使得材料本身的颜色、透明度等参数发生可逆的变化——这就是电致变色。目前，电致变色材料已经被运用在建筑、显示器、汽车等领域。电致变色机理依赖于离子扩散路程和方式。由于 TiO_2 纳米管阵列的特殊结构，其电致变色性能非常出色[81]。此外，还可以用作模板来制备功能材料，所合成的磁性材料具有良好的磁学性能[82]；也可用于将 CO_2 转化为燃料的催化过程[83]。

1.3 高度有序的 TiO_2 纳米管阵列薄膜的制备

鉴于以上分析可见，由于 TiO_2 纳米管阵列的独特结构及性能，它具有广泛的潜在应用。因此，近年来，人们对高度有序的 TiO_2 纳米管阵列的制备进行了较深入的研究，制备技术日趋成熟。目前，能够制备 TiO_2 纳米管阵列膜的方法很多，但是能够制备高度有序的 TiO_2 纳米管阵列膜的方法主要有模板法和阳极氧化法。

1.3.1 模板法

随着现代科学技术的发展，人们对具有特定形状材料的制备与研究日益关注。用于制备具有特定形状材料的基质——即模板，通常其本身就具有了制备某一形状功能材料的特性，在合成材料的过程中，模板具有导向性作用，因而可以实现对预期材料的剪裁。因此，近来用有机或者无机模板合成功能性材料也就成为了人们探索的一个方面。就 TiO_2 纳米管阵列而言，模板法具有结构可控、易于掺杂等优点。

1.3.1.1 以氧化铝为模板

氧化铝模板具有相对有序的大面积纳米级孔洞，且孔径、孔长可控，成本低等特点，因此可以用它来实现高度有序的 TiO_2 纳米管阵列膜的制备。

用氧化铝模板合成 TiO_2 纳米管阵列通常都是由两步组成的。首先,构筑具有预期孔洞的氧化铝模板;然后在此基础上,采用物理或者化学的方法实现 TiO_2 在模板孔洞中的沉积而获得 TiO_2 纳米管阵列膜。氧化铝模板是整个制备过程的先决条件,模板的纳米结构直接决定着后续组装体系的结构和性能。因此,构筑具有预期孔洞结构的纳米模板是模板合成法制备先进材料的焦点。在多孔氧化铝模板制备过程中,为了获得孔洞结构更好的模板,通常通过控制阳极氧化条件并采用二次(及以上)阳极氧化来制备模板。

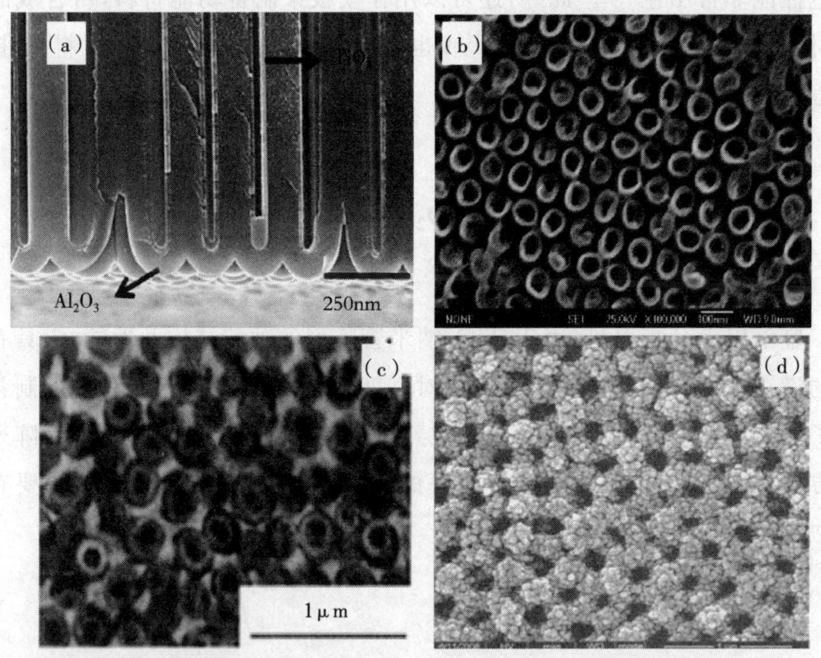

图 1-4 以氧化铝为模板、不同沉积方法制备的 TiO_2 纳米管阵列膜

(a)原子层沉积[84];(b)射频磁控溅射[85];(c)原位沉积[86,87];(d)水热沉积[88]

TiO_2 纳米管阵列的获得可以通过不同的方式在阳极氧化铝模板孔洞中的沉积而实现。若以原子层沉积的方式将 TiO_2 沉积在模板孔洞内时,由于原子层沉积的自限制特性,通过多次沉积就可以获得厚度可控、均匀一致的 TiO_2 纳米管阵列膜[84]。当以射频磁控溅射的方式将 TiO_2 沉积在模板孔洞中时,虽然成膜速率高、膜的粘附性好且可实现大面积镀膜,但是由于沉积过程中沉积材料的无取向性,TiO_2 纳米材料的沉积量将随着溅射源的距离

而减少，从而导致溅射源附近处沉积多而远离溅射源时则沉积少——形成了一种不均匀的纳米管阵列膜结构[85]。如果以含氟的液态钛前驱体进行原位沉积或者水热沉积时，由于氟离子与模板的反应，使得含氟的钛前驱体失去氟而缓慢水解生成所希望的氧化物过饱和溶液，进而氧化物在氧化铝模板上沉积[86,87,88]。利用氧化铝模板进行合成时，它具有模板孔径、管长可控的优点，但是这样制备的 TiO_2 纳米管阵列有序度不是非常高，并且当去除模板后就没有支撑，相应地，其有序性自然降低。因此，这样的缺点使得其性能得不到很好的发挥。

1.3.1.2　以纳米线为模板

纳米线是当前人们研究较多的一个领域，通常通过气-液-固(VLS)、金属醇盐化学气相沉积(CVD)、激光脉冲沉积、外延电沉积及模板法等方法获得。由于后续的 TiO_2 沉积效果受模板的影响非常大，因此纳米线模板的形貌的调控将决定 TiO_2 纳米管阵列的形貌和相关性能。

以纳米线为模板合成 TiO_2 纳米管阵列时，通常都是采用可以去除的材料作模板，如氧化锌等。其制备过程大致如图1-5所示：首先，以电化学沉积、模板法等方法，使有序纳米线模板在基底上形成；然后，以溶胶-凝胶[89~92]、液相沉积[93,94]等方式，使 TiO_2 沉积在纳米线上。在沉积过程中，可以通过控制沉积时间实现 TiO_2 膜厚度的调控，从而调控其性能。

然而，由本方法制备的 TiO_2 纳米阵列膜通常都需要去除模板然后才加以利用。模板去除后，TiO_2 纳米管便失去了支撑，这样的阵列极易坍塌，即使经过改进，其有序性仍然很差[92]。

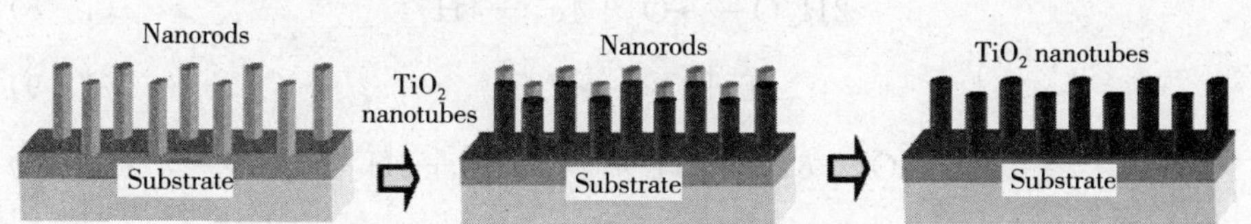

图1-5　以纳米线为模板合成 TiO_2 纳米管阵列示意图[92]

1.3.2　阳极氧化法

鉴于以上分析，模板法虽然能够得到 TiO_2 纳米管阵列膜且便于成分掺杂,但是所制备的TiO_2纳米管都是需要有赖以支撑的模板才能够不发生坍塌,从而具有高度有序性。而通常都需要将模板去除后才加以使用的,因此一旦模板被去除,其有序性将被破坏,从而导致其性能急剧下降,甚至难以利用。

阳极氧化法是一种电场辅助下的氧化、溶解过程,通过优化阳极氧化过程中的电压、电流、温度、电解液等参数可以实现阳极氧化膜的可控构筑,从而获得具有预期结构的氧化膜。自从采用阳极氧化技术来制备TiO_2纳米管阵列膜以来[95~97],人们对经阳极氧化技术构筑TiO_2纳米管技术已经进行了非常广泛的研究,其研究内容包括TiO_2纳米管的形成机理及制备过程中电解质种类、浓度、电极材料、阳极氧化电压和温度、溶剂种类和含量等相关参数对TiO_2纳米管阵列的形貌及性能的影响等。可以认为,除了阳极氧化法以外,目前还没有一种方法能够像阳极氧化一样实现高度有序且管结构高度可控的制备方法。

1.3.2.1 TiO_2纳米管阵列的形成机理

材料的形成机制极大程度地制约着材料的形貌,而材料的形貌主导着材料尤其是纳米材料的性能。因此,把握材料的形成机制具有非常重要的意义。研究表明,经阳极氧化制备TiO_2纳米管阵列和制备氧化铝纳米管阵列是一致的。在TiO_2纳米管阵列形成过程中,虽然对其形成机制尚有异议,并且,由于其机理的复杂性人们只能通过电流曲线来研究,但是,其形成过程大致是一致的,都认为TiO_2纳米管阵列经历了金属的氧化、金属氧化物的溶解及有序纳米管阵列膜的形成等三个阶段[3,5,7,46,98~100]。下面以含F^-电解液为例:

$$2H_2O \longrightarrow O_2 + 4e^- + 4H^+ \qquad (1-8)$$

$$Ti + O_2 \longrightarrow TiO_2 \qquad (1-9)$$

$$TiO_2 + 6F^- + 4H^+ \longrightarrow TiF_6^{2-} + 2H_2O \qquad (1-10)$$

当阳极氧化过程开始时,与电解液接触处的金属与O^{2-}或OH^-形成氧化层(即致密层),由于电学性能较差的致密层TiO_2的形成,电流急剧下降(见图1-6,阶段(1)),在此阶段,氧化物的形成占主导。然而,在致密层形成的同时,所形成的金属氧化物的溶解行为也随即开始;由于电场的存在及氟离子对氧化物的“攻击”,Ti—O键被极化而促进溶解,由于致密层的减薄，电流变化强度变小。刚开始，当 TiO_2 膜为一均匀的薄层时，氧化膜各部分的电场强度一致，溶解是随机的。随着溶解的进行，材料表面的凹陷处底部的电场强度增大，溶解速率将比其他地方稍大；又因为凹陷处底部是弯曲的，这就导致凹陷处底部的溶解变得更加明显，因而使得其孔洞更深。随着溶解继续进行，离子在纳米孔洞底部氧化层中的透过更容易而导致电场强度增加、阳极氧化电流增大，从而增强了电场支持下的氧化物的生长，前阶段所形成的氧化层将被更长、更有序的纳米管结构取代（见图 1－6，阶段(2)）。最后，氧化物/金属界面处的氧化物的生长速度和孔底氧化物/电解液界面处的氧化物的溶解速度最终将达到平衡，膜层厚度始终保持不变（见图 1－6，阶段(3)）。一旦纳米管的生长达到平衡状态，纳米管的长度将不再由时间决定——即纳米管最终所能达到的长度由电解液组成和外加电压决定。从图 1－6 中的阶段(2)和(3)可见，对于含 F^- 与不含 F^- 电解质来说，其电流曲线是不同的。这一区别可能是由于 F^- 的存在更有利于氧化层的溶解或者更能够穿透氧化层到达金属基底的缘故。

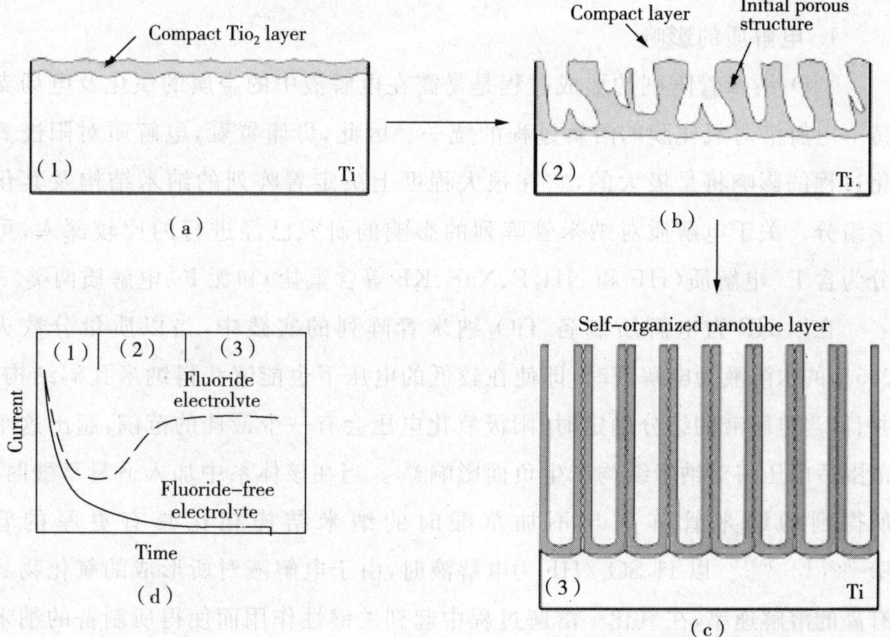

图 1－6　TiO_2 纳米管阵列膜的形成机理及相应阶段的电流曲线

（虚线为含 F^- 溶液体系，实线为无 F^- 溶液体系）[7]

纳米管的长度取决于以下三个速度参数的相互关系：电场支持下的电解液对纳米管阵列开口端 TiO_2 的腐蚀速度、电场支持下的电解液对纳米管底部电解液/氧化膜界面处 TiO_2 的腐蚀速度以及氧化膜/基体界面处 TiO_2 的生成速度。溶解和氧化行为对于 TiO_2 纳米管阵列的形成是非常重要的。若溶解行为占主导，将难以形成 TiO_2 纳米管阵列或者所形成的纳米管阵列膜厚度很薄；当氧化行为占主导时，所形成的氧化物可能仅仅是致密层，而多孔层极薄[7,99]。

1.3.2.2 制备参数对 TiO_2 纳米管阵列结构及性能的影响

经阳极氧化技术制备 TiO_2 纳米管阵列的过程，其实质就是金属的氧化过程与金属氧化物在电场辅助下的溶解过程的统一，与这两个过程相关的因素都将影响 TiO_2 纳米管阵列的制备。金属氧化物的形成和氧化膜的腐蚀都是在电场辅助下的溶解过程，因此电场强度、电解液、电极材料和阳极氧化时间等对氧化膜的形成都有很大的影响。此外，由于制备的 TiO_2 纳米管阵列基本上都是无定形的，而温度诱导结晶化有助于性能的提高，因此热处理也将影响其性能。

1. 电解质的影响

TiO_2 纳米管阵列的形成过程是暴露在电解液中的金属的氧化及电场支持下电解液对氧化膜的溶解过程的统一。因此，毋庸置疑，电解质对阳极氧化过程的影响将是极大的，它在很大程度上决定着阵列的纳米结构及其化学组分。关于电解质对纳米管阵列的影响的研究已经进行的比较深入，可分为含 F^- 电解质（HF 和 NH_4F、NaF、KF 等含氟盐）和无 F^- 电解质两类。

在以 HF 为电解质制备 TiO_2 纳米管阵列的实践中，当以质量分数为 0.5%的水溶液为电解液时，即使在较低的电压下也能够获得纳米孔洞结构；并且，当电解液的组分确定时，阳极氧化电压会有一个最佳的范围，超出这个范围后电压将对纳米结构产生负面影响[96]。当在该体系中加入适量草酸时，所得到的纳米管阵列与不加草酸时的纳米结构相比具有更厚的管壁[20,60,101~103]。以 H_2SO_4/HF 为电解液时，由于电解液对所形成的氧化物具有高的溶解速率，在氧化—溶解过程中起到关键性作用而使得所制备的纳米管阵列的厚度具有某一极限值[95~97]。以 HF/HNO_3[45]、HF/$H_2Cr_2O_7$[95,106]、HF/CH_3COOH[96]、HF/CH_3CHOOH[107]、HF/H_3PO_4[108,109] 等混合物为电解液时，也能够制备 TiO_2 纳米管阵列，但是由于体系的酸度较大，所得到的纳米管膜厚度基本上在几百纳米至几微米的范围，管壁在 10nm～20nm。当分别以 Cs_2SO_4/CsF 和 K_2SO_4/KF 体系制备纳米管阵列时，由于不规则的氧化物溶解及高的沉积程度，所得到的纳米管阵列有序度较差；而分别以 Na_2SO_4/NaF 和 $(NH_4)_2SO_4/NH_4F$ 体系进行阳极氧化时，纳米管的有序度要高、管结构更易控制，尤其是 $(NH_4)_2SO_4/NH_4F$ 体系[110]。

以含氟盐做电解质时，由于体系的 pH 值通常比以 HF 为电解质的要高——即溶液体系偏中性，因此所制备的纳米管阵列比以 HF 为电解质所制备的阵列更加有序，膜层厚度更大、管更圆[104,111,112]。同时，无论是以 HF 为电解质还是以含氟的盐做电解质，当体系中氟离子的浓度较大时，阳极氧化电流也较大，因而促进了氧化层的溶解；而通过调控氟离子的迁移速率就可以实现对致密层的有效溶解，从而实现纳米管结构的调控及纳米管阵列的拆分[113]。

目前，以无氟电解质进行阳极氧化也可以获得高度有序的纳米管阵列[114～118]。在无氟的电解质体系中，通常都有氯离子、溴离子[115～118]或者高氯酸根离子[114]，通常认为这样的电解质体系中的 Cl^-、Br^- 或者 ClO_4^- 也如 F^- 一样可实现对氧化层的溶解。但是，由于 Cl^-、Br^- 或者 ClO_4^- 对 TiO_2 的溶解能力比 F^- 差，因而导致了管径小、高长径比的纳米管阵列的形成。其中，Br^- 和 ClO_4^- 的溶解能力比 Cl^- 弱，因此得到的纳米管阵列膜的厚度相对要小[118]。

可见，在阳极氧化制备 TiO_2 纳米管阵列膜时，氟离子是必要的，它能促进整个阳极氧化过程，从而可以获得有序度高、膜厚度大的 TiO_2 纳米管阵列[119]。

2. 溶剂的影响

溶剂的性质对溶质的扩散行为有很大的影响。以水为溶剂时，虽然其导电性能比有机溶剂好，但是阳极氧化过程中管内的 pH 值会出现较大的波动进而导致电流发生波动，因此所制备的纳米管长度较短且管壁出现褶皱(图 1－7(a))。与以水为溶剂相比较而言，当以有机物为溶剂时，氧的贡献要差一些，因而氧化物的生成速率要小些；但由于成分中所含的水少，形成的致密层也就更薄，所以离子更容易通过致密层而与金属基底反应进而形成高度有序的多孔层[3]。并且,由于溶剂可以促进管内 pH 值趋于一致而使得阳极氧化过程中没有电流波动,这样就使得所制备的纳米管壁没有褶皱[27]。同时,溶剂对纳米管阵列管径也有显著的影响:以水为溶剂时,管径要比使用有机溶剂时所制备的管径要大;而以有机溶剂制备纳米管阵列时,纳米管阵列的有序度更高、膜厚度更大[120~124],达到 15μm/h 的生长速率。并且,以有机溶剂进行阳极氧化时,还可以对纳米管的管径进行有效地调控[99,125,126]。

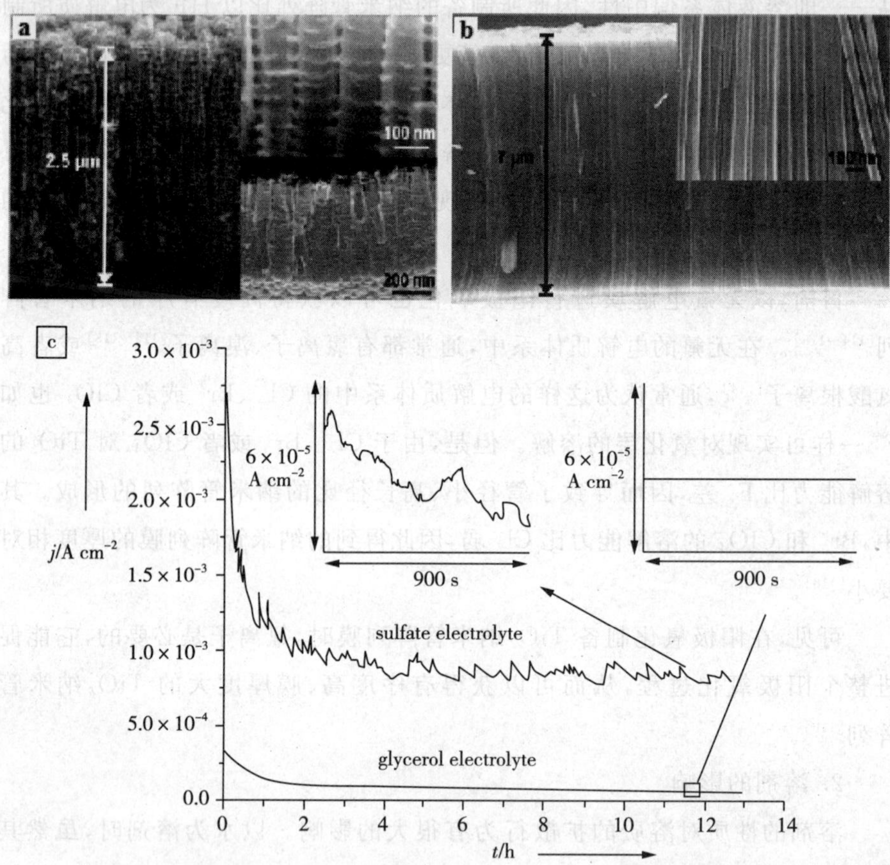

图 1-7 以 $1MH_2SO_4$ + 0.15wt%HF 为电解液(见图(a))及以 GL + 0.5wt%NHF 为电解液(见图(b))制备的 TiO_2 纳米管阵列扫描电镜图及各自的电流曲线[7]

此外,在有机溶剂中加入适量水有助于形成高度有序的纳米管阵列。但是,当溶剂中的水的含量过多时,所制备的纳米管阵列管壁上也将出现褶皱[105,122,127]。因此，若要获得管长度大的纳米阵列通常都是使用极性的有机溶剂，并在体系中添加适量的水以达到预期目的。

3. 阳极氧化电压、电流、氧化时间和温度的影响

当其他条件一定时，低的阳极氧化电压下制备的纳米管的孔径较小，管壁较薄，管长也小；当电压增大时，由于加在致密层上的电压增大，电场辅助下对致密层的溶解行为发生的更快，因而上述指标相应增大[119,128]。研究证明，阳极氧化电压的选择是非常重要的。在一定范围内，纳米管阵列的有序度、管径、管壁厚度及管长会随着电压的增大而增加[129]，但是当电压超过某一极限值后，所制备的纳米阵列的有序度及管结构等反而降低。当前，关于电压对纳米管形成的影响有不一致的地方：有人认为，纳米管径是由阳极氧化电压控制的，且管长与电场强度呈指数级增长[130]；而有研究则认为，纳米管的管径、管壁厚度不受阳极氧化电压与氧化时间的影响，提高氧化电压或者延长氧化时间仅仅促进纳米阵列膜的厚度[111,129]。

当仅仅改变阳极氧化时间而其他参数保持恒定时，增加氧化时间将使纳米管阵列膜的厚度增加；若达到氧化—溶解平衡后，尽管增加氧化时间其厚度也将保持不变[129,130]。电解液的温度直接影响着离子的迁移速率，因此不同的阳极氧化温度也将导致纳米阵列结构不同。采用较高的温度进行阳极氧化时，尽管其他条件完全一致，但是其电流仍然是不同的，低的氧化温度会抑制高度有序纳米管阵列的形成[131]。因此，通过调节阳极氧化电解液的温度，便可以很好地实现纳米管阵列的可控构筑[20]。

从本质上说，阳极氧化电压、温度等因素对阳极氧化过程的影响归根到底都将反映在工作电极的电场强度上：电场强度大时，氧化行为明显，电场辅助下的致密层溶解行为也明显，因此能够实现纳米管阵列的高度有序、管径的增大及管长的增大；相反，当电场强度小时，氧化行为不非常明显，电场辅助下的致密层溶解行为也较弱，因而纳米阵列的有序度、管径及管长等参数也就相应变小。因此，电流强度是影响纳米管阵列结构的本质因素[126,130]。

4. 电极材料的影响

阳极氧化行为与电极的过电压相关，过电压会影响纳米阵列的形貌、维度及生长速率。因此，电极材料的选择也就显得非常重要。

通常，阳极氧化制备 TiO_2 纳米管阵列都是以铂为对电极的。以铂为对电极制备的 TiO_2 纳米管阵列有序度高，管径、管长可控。但是，也可以用其他材料作阴极来制备 TiO_2 纳米管阵列膜。Allam 等研究了多种阴极材料对所制备的纳米阵列的影响情况，发现以铂族元素单质为对电极制备的纳米管阵列具有相似性，其中钯为电极获得的纳米管阵列结构更加规整，管长更长；以铁、钴、铜、钽及钨为电极材料制备的纳米管阵列有序度很高，但是在水性电解液和乙二醇电解液中所制备的纳米管阵列结构不尽相似；以碳、铝、锡等非过渡元素为对电极制备 TiO_2 纳米管阵列时，以铝为电极材料得到的阵列最短且纳米结构有序性较差，而以碳为电极材料获得的纳米阵列有序度更高[132]。

以不同成分含量的含钛合金为阳极材料进行阳极氧化时，所得到的 TiO_2 纳米管阵列形貌存在很大的差别，合金的结构很大程度地影响着所得到的纳米管阵列。例如，以锆-钛合金进行氧化时，纳米管阵列主要在 α 相的钛上形成，且在各相上形成的纳米管阵列有序度将有所不同，其管间距及管长随锆的含量增加而增加[133]。以氮钛合金为阳极进行氧化时，由于局部成分的不同，所得到的纳米管阵列的管径、管长将出现很大的差别。并且，以合金为阳极所得到的纳米管阵列的管径、管长要比以纯金属钛为阳极制备的纳米管阵列要小[134,135]。

而且，阳极材料表面粗糙程度对纳米管阵列的影响非常显著。以不打磨的金属钛片为阳极进行氧化时，纳米管的形成将被抑制且更多地在有沟谷的地方生长，纳米管径规则；以打磨过的钛片进行氧化时，纳米管的形貌会出现较大的变化[119]。

此外，基底材料对所制备的纳米管阵列的结构及其性能也有着很大的影响。自从将钛沉积在 FTO 导电玻璃上进行阳极氧化以来[11,47]，人们对基底对 TiO_2 纳米阵列的影响情况进行了研究。以透明材料为基底时，由于其透明的性质，其光催化性能更好[136]。当对经磁控溅射沉积在硅片和金刚砂片上的金属钛进行阳极氧化时，前者能得到纳米结构的阵列膜而后者仅得到一层很薄的氧化层而不是多孔结构的阵列[112]。若将钛片黏附在附有低熔点金属的 FTO 玻璃上进行阳极氧化时，由于钛片与 FTO 间金属层的凹槽导致了各自的分层，降低了电极的导电性能，从而使得所制备的 TiO_2 纳米管阵列膜比相同情况下用钛片所制备的膜层要薄[137]。并且,基底的结构对纳米阵列的影响极大。如果钛层疏松,则加在电极上的电场分布不均匀,因而得到的氧化层有序度不高[138,139]。

表 1-1　不同阴极材料对制备的纳米阵列的影响

(水相电解液为 0.2MNH_4F+0.1MH_3PO_4;

有机电解液为 0.2MNH_4F+0.1MH_3PO_4)[132]

Group	Cathode material	Fabricated nanotubes in aqueous electrolytes		Fabricated nanotubes in EG electrolytes	
		Average diameter ±5(nm)	Average length ±10(nm)	Average diameter ±5(nm)	Average length ±10(nm)
Pt-group Elements	Ni	143	1200	65	1510
	Pd	134	1435	61	2500
	Pt	105	1520	65	1725
Non-Pt transition Elements	Fe	99	2470	68	2000
	Co	135	1900	143	2100
	Cu	81	1265	83	1130
	Ta	140	1175	70	1300
	W	91	690	114	2400
Non-transition Elements	C	143	1300	81	1220
	Al	96	570	85	1600
	Sn	147	1220	90	1060

5. 阳极氧化模式的影响

TiO_2纳米管阵列提供了巨大的表面积和高度有序的结构,促进了光生电子-空穴对的产生与分离。但是,不同的制备方法将导致其结构和性能的差异。

超声阳极氧化是目前人们采用的一种制备纳米管阵列的方式[140],并且在超声的情况下制备的 TiO_2纳米管阵列具有更强的光催化性能,同时制备过程中的搅拌行为也有助于性能的提高[141]。实验发现,阳极氧化过程中的搅拌行为可以促进纳米管阵列的生成[142];但是在超声波的存在下,由于超声波的空化作用使在纳米管中形成的气泡快速脱离而使得电解液更有效地接触纳米管,从而使得 TiO_2纳米管阵列膜的生成速率可以达到仅仅以磁力搅拌时的2倍左右，且纳米管阵列管径分布更均匀、膜厚度更大、纳米管分布更紧凑，其具有更好的光催化性能和光电转换性能[143]。而且，对阳极氧化制备的纳米阵列膜进行超声，可以有效地去掉表面的无序结构，更有利于性能优异的高度有序纳米阵列膜的获得[144]。

若将金属钛片在 NH_4F/ethylene glycol(EG)/H_2O 体系中进行双面氧化，可以将金属钛片完全氧化而得到无钛基底的 TiO_2 纳米管阵列膜，其生长速率可达到 15μm/h，远远高于单侧阳极氧化的速率[145]。若采用两步阳极氧化技术——首先在水相电解液中阳极氧化，然后在非水相电解液中阳极氧化，由于水相电解液的传质速率及氧化物的溶解速率要比非水相的大，便可以得到开口端管径大而另一端开口小的分级纳米管阵列膜[144,146]。此外，采用脉冲阳极氧化法制备的纳米管阵列比传统方法制备的纳米管阵列有序度更高、光谱响应性能更好、光电流更高[147]。

6. 热处理温度的影响

高度有序的 TiO_2 纳米管阵列膜提供了巨大的表面以供介质对光生载流子的导出，同时由于其特殊的结构也促进了光生电子-空穴对的产生与高效分离。然而，实践证明，晶体在载流子的产生及分离过程中扮演了非常重要的角色，高度晶化的 TiO_2 纳米管阵列膜具有少的无定形结构及晶粒晶界，更有利于光生电子-空穴对的产生和分离[148~150]。通常得到的 TiO_2 纳米管阵列膜都是无定形的结构，因此温度诱导其晶化是必需的。在较低的温度下(大约低于600℃)进行的热处理可以促进锐钛矿型结构形成，因而可以有效提高纳米阵列的性能；当热处理温度高于600℃时，将导致纳米管阵列结构发生坍塌，表面积显著下降，锐钛矿结构也将转化为金红石相；当温度上升到800℃时，纳米管阵列结构将完全被破坏，且完全转化为金红石相晶体，其性能显著下降[151]。

由于后续的热处理会导致纳米管阵列膜性能的下降，近来有研究实现了无需后续热处理的纳米管阵列制备方法，由此制备的 TiO_2 纳米管阵列膜性能有较大的提升[152]。

1.4 高度有序的TiO_2纳米管阵列薄膜的改性

通常而言，氧化物半导体材料的价带上部能级主要由O_{2p}轨道构成，而导带下部则主要由过渡金属的d轨道构成。由于O_{2p}轨道的能级相对较低而过渡金属的d轨道相对较高，所以这些半导体材料的能带隙较宽（一般都在3.0eV以上）。对于TiO_2纳米管阵列膜而言，它具有稳定的化学性能、高度有序的结构及巨大的表面积，使其产生的光生载流子能够有效地分离并被介质传导出去加以利用。然而，TiO_2纳米管阵列膜较宽的带隙（～3.2eV）和光生载流子易复合等缺陷极大地制约了其优异性能的发挥——由于其禁带较宽，它仅在紫外区（<380nm）有光吸收，而紫外光区仅占太阳光能极小的一部分（≈4%），因而大大限制了其在太阳光下的实际应用；由于光生载流子易复合，其光伏效应的利用效率自然会较低下。因此，拓展TiO_2纳米管阵列的光谱响应范围、促进光生电子-空穴对的产生及有效分离并及时将光生载流子导出，已成为国内外关于TiO_2纳米管阵列膜高效利用太阳能进行光伏转换及光催化等方面的焦点。目前，对其禁带宽度的调控手段有染料敏化、阴/阳离子掺杂、金属沉积及窄带半导体材料与TiO_2的复合等方法。

1.4.1 染料敏化

当与宽带隙半导体的导带和价带能量匹配的一些染料吸附到半导体表面时，由于染料对可见光具有更强的吸收，从而将体系的光谱响应延伸到可见区，这种现象称为半导体的染料敏化作用。自从发现染料敏化剂$Ru(dcbpy)_3[(\mu-CN)Ru(CN)(bpy)_2]_2$能够提高$TiO_2$的光谱响应范围、促进光电量子产率以来[42~44]，以染料敏化TiO_2纳米管阵列膜以获得更高的量子产率的研究就引起了人们极大的兴趣[11,49,153~165]。由于染料能够更有效地吸收光能并将电子激发而传递给TiO_2纳米管，经染料敏化的TiO_2纳米管阵列膜的光谱响应范围得到了很好的拓展，光电转换效率都得到了较大的提高。为了使更多的染料分子附着在纳米管阵列上以获得更好的性能，适宜的管径、管壁厚度和管长是必需的；同时对于染料敏化的TiO_2纳米管阵列膜而言，独立的纳米管结构更有利于染料分子的渗入[162～165]。

染料敏化剂能够由羧基或者吡啶基等基团有效地与 TiO_2 纳米管阵列膜的表面键合，从而增强电子耦合及改变表面能态而将光谱响应范围拓展到可见光区以提高其光量子产率。但是性能稳定且高效的染料非常少，而且在流动相介质中敏化剂会从 TiO_2 纳米管阵列膜表面脱离，并且染料敏化的 TiO_2 纳米管阵列膜不适用于高腐蚀性及高氧化性环境中。

1.4.2 离子掺杂

在一种材料(或者基质)中掺入少量其他元素或者化合物，以使其具有预期的光学、电学或者磁学等性能的过程就是掺杂。由于 TiO_2 半导体中 O_{2p} 轨道及过渡金属的 d 轨道的能级结构特点导致了其能带隙较宽。当以能级适当的阴离子对 TiO_2 纳米管阵列膜进行掺杂时，晶格中的氧元素将被掺杂离子取代(或者部分取代)，由于掺杂离子的 p 轨道能级较 O_{2p} 轨道高，这样便可使掺杂后的 TiO_2 比未掺杂 TiO_2 具有更小的能带隙；当以能级较低的阳离子对 TiO_2 进行掺杂时，由于掺杂离子的 d(or f)轨道具有比 Ti^{4+} 的 d 轨道能级更低，从而也能够使掺杂后的 TiO_2 具有更小的能带隙。对 TiO_2 纳米管阵列膜掺杂改性后，在 TiO_2 内部形成的、性质不同部分会与 TiO_2 形成异质结，从而在一定程度上提升了其光谱响应范围，促进了光生载流子的分离；然而，性质不同的部分是在 TiO_2 内部较均匀地分布的，聚集在性质不同部分上的光生载流子由于不能得到及时导出，从而增加了复合的机会。

1.4.2.1 非金属离子掺杂

自从 Asahi 等[166,167]报道 TiO_2 掺杂氮后显示出良好的光催化性能以来，TiO_2 材料的阴离子掺杂技术就引起了极大的关注。至今为止，对 TiO_2 纳米管阵列薄膜实施非金属离子掺杂的元素主要有氮[134,169～179]、碳[175,180～183]、氟[169,170,184,185]、硫[185,186]、磷[184,187]、硼[45,188,189]、碘[179]及硅[190]等，通常是通过在含有掺杂元素的气氛中煅烧、离子注入、在含掺杂元素的电解液中阳极氧化或者将含欲掺杂元素的阳极材料阳极氧化等多种方式实现的。对于经过非金属离子掺杂后的 TiO_2 纳米管阵列薄膜而言，许多研究结果表明，其具有比未掺杂的纳米管阵列膜更宽的光谱响应范围、更好的光电性能和光催化性能。

就非金属掺杂而言，通常都认为掺杂作用使得 TiO_2 晶格中的 O^{2-} 被能量更高的掺杂离子部分取代，从而降低了 TiO_2 纳米管阵列薄膜的能带隙，拓展了其光谱响应范围，提高了光量子产率。然而，对于阴离子掺杂提高 TiO_2 的光谱响应范围、提升光量子产率、促进光生电子-空穴对有效分离等方面，当前尚存在许多质疑[191~197]。有研究认为，掺杂后的 TiO_2 纳米管阵列具有更好的光谱响应范围和更高的光量子产率，是由于氧空位的缺失或者是由于掺杂形成了显色中心而引发的，并无证据能证明由于氮的掺杂使得 TiO_2 的能带隙变窄[198~200]。也有研究表明，氮掺杂后的 TiO_2 光催化材料在可见光的照射下其氧化能力接近于零[201]，掺杂后的 TiO_2 在可见光的照射下其光量子产率远远低于紫外光照射下的光量子产率；并且，随着氮掺杂量的提高，其紫外光照射下的光量子产率显著下降——这就意味着氮的掺杂很可能起到了复合中心的作用[3,4,202]。

1.4.2.2 金属离子掺杂

半导体中掺杂不同价态的金属离子后，半导体的光学、电学性能将发生改变。从化学观点出发，金属离子是电子的有效受体，由于金属离子对电子的争夺，减少了光生电子-空穴对的复合。当实施掺杂时，确保基体材料晶体结构的完整性是非常重要的，而晶体结构与晶格中的阴阳离子尺寸的比例是息息相关的。从电子态密度和离子半径上分析，阳离子取代 Ti^{4+} 比阴离子取代 O^{2-} 相对要容易得多[3,4]。

关于阳离子对 TiO_2 材料的掺杂研究，国内外开展了大量的工作，掺杂主要是以铬、锰、钴、钒、铁、镍、钌、铌等过渡金属离子进行的[203~208]。由于晶体场的转变[208~210]或者 d→d 跃迁[211]，金属离子掺杂后的 TiO_2 材料的光谱响应范围拓展到了可见光区，光催化性能都有了显著的提高。研究发现，TiO_2 的光电性能随掺杂成分的量的提高而提高，其中锰、锰-铬掺杂剂被认为是能够很大程度地提升 TiO_2 的光催化性能的过渡金属。

对于 TiO_2 纳米管阵列薄膜而言，阳离子掺杂也能显著提高其光吸收强度和光电流。对于硅掺杂的 TiO_2 纳米管阵列而言，掺杂作用可以提高纳米阵列的热稳定性而阻止锐钛矿晶粒的长大，也可以抑制锐钛矿相向金红石相的转变[212]；并且，由于硅的掺杂，纳米阵列显示出超亲水性，从而促进了光催化降解目标物在纳米管阵列上的吸附，提高了光催化效率[212,213]。用锆元素对 TiO_2 纳米管阵列实施掺杂时，产物能够在紫外光区显著提高光催化性能，且其化学性能稳定[214]。对于钕掺杂 TiO_2 纳米管阵列而言，钕的掺杂不会改变其半导体类型，掺杂后的纳米阵列具有室温氢敏特性[215]。若以铁进行掺杂时，纳米管阵列的吸收边和电化学性能都随着铁的掺入量的增加而显著提高[216]。经离子注入法对纳米管阵列进行铬离子掺杂时，由于铬离子的存在，TiO_2 的晶体结构将由锐钛矿相向转化为无定形结构；同时，掺杂后的纳米阵列的光谱响应范围拓展到了可见光区，而热处理能更好地提升其光电性能[217]。在阳离子改性中，也有人对纳米阵列实施了非过渡金属离子的植入——当对纳米管阵列实施 H^+、Li^+ 等离子半径小的阳离子植入时，不仅可以保持纳米管阵列的形貌及结构，而且可以显著地降低光生电子-空穴对的复合，提高光电流[218]。

虽然有较多的报道认为，金属离子的掺杂能够拓展纳米管阵列的光谱响应范围、提高光生载流子的寿命且促进光生电子-空穴对的有效分离。但是，金属离子的掺杂也会导致掺杂组分在纳米管阵列上分布的不均匀[218,219]，而且，金属离子的掺杂将起到复合中心的作用，从而导致光谱响应的阈值、热稳定性及光生载流子寿命的降低，从总体上降低了光电转换效率[220~222]。有研究表明，当对 TiO_2 材料进行钒离子掺杂时，在可见光照射下根本不显示光催化活性[203,223]。

1.4.3 金属沉积

Schottky 结一般是在 p 型半导体和低功函金属的界面或者 n 型半导体和高功函金属的界面之间形成。研究表明，当半导体材料担载上一定的贵金属后，由于金属材料的功函和半导体材料的费米能级相互作用，在金属与半导体材料的接触界面处将形成具有一定能垒的 Schottky 结，所形成的 Schottky 结具有整流的作用，此时空间电荷层电场仅允许电荷沿某一方向流动。对于 TiO_2 纳米管阵列膜而言，实施金属改性后，TiO_2 与金属间就形成了具有一定能垒的 Schottky 结；由于 TiO_2 纳米材料的功函与沉积金属的功函相互作用的结果，从而间接地降低了 TiO_2 纳米管阵列薄膜能带，有效地抑制或者延缓了电子-空穴对的复合，提高了光量子产率，促进了 TiO_2 纳米管的性能的发挥。

目前，对 TiO_2 纳米管阵列膜进行金属沉积改性主要使用 Pt[173,180,224~230]、Au[231,232]、Ag[224]、Pd[169]、Ru[226]、Co[224]及 Cu[233]等金属材料。当对纳米管阵列进行 Co－Ag－Pt 纳米颗粒电化学沉积改性时，改性阵列的峰值电流先随着 Ag 的沉积量的增加而增加，随后下降；由于 Ag 的沉积，其光催化性能也先增加，当沉积量增大时，纳米管口会被沉积金属所堵塞，导致电荷传输性能下降，从而导致光催化性能下降。当对纳米管进行 Pt 沉积改性时，由于 Schottky 结的形成，其光电性能、光催化性能、光电催化性能都得到了很好的提高。若对纳米管进行 Au 沉积改性时，由于 Au 的存在，改性后的纳米管阵列的性能比仅仅用 TiO_2 纳米管阵列作催化剂时有显著的提高，而且经改性后的纳米管阵列能够更好地锚定其他改性物质[230]。

对于金属沉积而言，金属的沉积仅仅促进了光生电子-空穴对的分离和转移，它并未在本质上降低半导体材料的能带隙。因此，仅仅进行金属沉积改性不可能有效地提升半导体材料的性能。

1.4.4 窄带半导体改性

当前，国内外通过窄带带半导体沉积技术对 TiO_2 纳米管阵列薄膜的改性的研究非常火热，因为 TiO_2/窄带半导体体系不仅可以降低材料的禁带宽度，还可以促进光生载流子的有效分离。将 TiO_2 纳米管阵列薄膜在相关成分的溶液中浸渍或电沉积等，可以将窄带半导体成分修饰在 TiO_2 纳米管阵列的管内。对 TiO_2 纳米管阵列薄膜进行窄带半导体沉积后，由于窄带半导体的存在，使得纳米阵列膜材料的光吸收边延伸到了可见光区；同时，由于协同作用的结果，TiO_2 纳米管阵列薄膜本身的光吸收也发生了红移。此外，由于窄带半导体的沉积，TiO_2 纳米管阵列薄膜与沉积成分间便形成了具有一定能垒的异质结，而异质结的形成也促进了光生电子-空穴对的有效分离，提高光生载流子的寿命。

通常而言，最有利于太阳光能吸收的半导体材料其能带要求在 0.8eV～2.4eV。因此，当前对 TiO_2 纳米管阵列膜进行窄带半导体改性主要使用 CuO/Cu_2O、Fe_2O_3、CdX(X＝S、Se、Te)、ZnTe[234]、掺杂 Sb 的 SnO_2[235]等半导体材料。其中研究较多的是 CuO/Cu_2O、Fe_2O_3和 CdX。

改性 TiO_2纳米管阵列的性能除了与窄带半导体及 TiO_2的能带结构特点相关以外,其结构特点也是一个非常关键的因素。理想的改性阵列结构必须包含以下几个方面:(1)尽可能大的窄带半导体/TiO_2接触面积;(2)尽可能好的窄带半导体/TiO_2接触;(3)理想的电荷导出结构。要达到尽可能大的接触面积,就要求窄带半导体材料在 TiO_2纳米管阵列上尽可能地分布均匀;要获得良好的窄带半导体/TiO_2接触,则要求窄带半导体材料与 TiO_2结合更加紧密;而要获得理想的电荷导出结构,则要求窄带半导体材料具有尽可能大的、与介质接触的面积。

1.4.4.1　CuO/Cu_2O 改性

CuO 和 Cu_2O 都是 p 型半导体材料,其中 CuO 的能带隙为 1.2eV～1.4eV,Cu_2O 的能带隙约为 2.2eV(直接跃迁型)。这就使得 CuO/Cu_2O 体系成为太阳能光电转换中一种很好的备选材料[236,237],不足之处是改性材料的毒性。

当用 Cu－Ti 合金制备 CuO 改性的 TiO_2纳米管阵列时,改性体系在可见光区表现出很好的吸收行为,其光量子产率达 11%[238]。若将 Cu_2O 纳米颗粒负载在 TiO_2纳米管阵列上时,改性 TiO_2纳米管阵列的光吸收边显著红移,光催化降解 4－氯酚的效率比未改性的纳米管阵列高,其在紫外光和可见光照射下的最高光电转换效率分别达到 17.2%和 0.82%[239]。研究表明,Cu_2O 纳米颗粒可以增强光子俘获能力,并通过将电子传输给 TiO_2的导带而有效地降低光生载流子的复合程度[239,240]。

1.4.4.2　Fe_2O_3改性

Fe_2O_3是一种 N 型半导体材料,其能带隙约为 2.2eV[241]。这样的能带隙半导体材料虽然其光吸收效率不到太阳光的 40%,但是用于水分解制氢等方面也已经足够。理论计算表明,其光吸收转换效率可达 12.9%。

当以 Fe－Ti 合金阳极氧化制备 Fe_2O_3改性的 TiO_2纳米管阵列时[242],部分钛离子将被铁离子取代,而且随着铁的含量从 3.5%变化到 69%,其光吸收限也在 380nm～570nm 间变化。若直接用 Fe_2O_3纳米颗粒改性时,Fe_2O_3纳米颗粒将附着在纳米管壁上,这样得到的纳米管阵列具有更好的光催化性能和亲水性能,并且电化学阻抗谱表明其界面具有更好的电荷传递性能和更好的电荷分离能力[243]。

当然，尽管 Fe_2O_3 有价廉、无毒等优势，但也有其自身的缺陷：电荷迁移率小(通常在0.01到0.1[244,245])。这样的电荷迁移速率将导致光生电子-空穴对的快速复合。因此，在实际应用中，其光电转换效率远远低于理论计算值。

1.4.4.3 CdX(X=S、Se、Te)改性

以CdX(X=S、Se、Te)对 TiO_2 纳米管阵列膜进行窄带半导体改性目前研究较多，而且CdX被认为是取代染料敏化剂的理想材料。其中，CdS是一种n型半导体材料，其禁带宽度约为2.42eV；由于其导带比 TiO_2 的导带更负～0.5eV，当CdS与 TiO_2 形成异质结时，CdS中产生的载流子更容易转移到 TiO_2，因此用它与 TiO_2 结合将更有利于促进光生载流子的分离。CdSe的禁带宽度约为1.76eV，也是一种能够有效俘获太阳光能的材料(E_g = 0.8eV～2.4eV为佳)，而且其电荷传输性能还可以通过调节介质的pH值进行调控[246]。CdTe也是一种能够有效吸收太阳光能的p型半导体材料，其禁带宽度为1.5eV。理论计算表明，当用CdTe作光电转换材料时，其光电转换效率可到达30%。由于CdX材料的性能特点，它们常被用于对 TiO_2 半导体材料实施能带工程改性。对于 TiO_2 纳米管阵列膜而言，以CdS[247～261]和CdSe[262～267]为改性剂要比用CdTe[268]进行功能化改性的研究更多一些。

在改性实践中，有电化学沉积法和液相化学沉积法，也可以将窄带半导体纳米颗粒直接导入 TiO_2 纳米管内。由于电化学沉积是基于电流(密度)而实现的，因此它是一种具有选择性的沉积方法——导电性能好的部位沉积的较多，而导电性能不好的部位沉积的较少；同时，电化学沉积法会导致生成的颗粒粒径分布很宽。将纳米颗粒直接导入纳米管内时，纳米颗粒的分布会非常不均匀，且进入纳米管内的颗粒极少。因此，液相沉积法被认为是对 TiO_2 纳米管阵列实施改性的理想的方法。

在以CdS对 TiO_2 纳米管阵列膜改性实践中，通常是以化学液相沉积[247～253]、阴极还原[254]、电化学沉积[255～260]或者直接将制备好的CdS纳米颗粒加入纳米管阵列[261]等方式将CdS纳米颗粒[248～254,257,258,260,261]、纳米管[247,255]或者纳米线[255,256]沉积在 TiO_2 纳米管阵列膜中，或者仅在纳米管阵

列上沉积上 CdS 纳米图案[259]。当 CdS/TiO_2 异质结形成后，由于 CdS 与 TiO_2 的能带协同作用，经过 CdS 改性的 TiO_2 纳米管阵列膜都具有更加优异的光吸收效率及更宽的光吸收范围，改性体系的开路电压和光电流都会显著提高，光催化性能明显增强（如图 1-8 所示）。在改性实践中，电化学沉积法通常都会导致纳米管口的堵塞，从而导致其性能下降；化学液相沉积法能够实现 CdS 纳米材料在 TiO_2 纳米管内的沉积，但是目前对纳米材料在 TiO_2 纳米管内的沉积机理尚不明确；而若将 CdS 纳米颗粒直接导入纳米管时，CdS 纳米颗粒分布非常不均匀，而且进入纳米管内的极少。

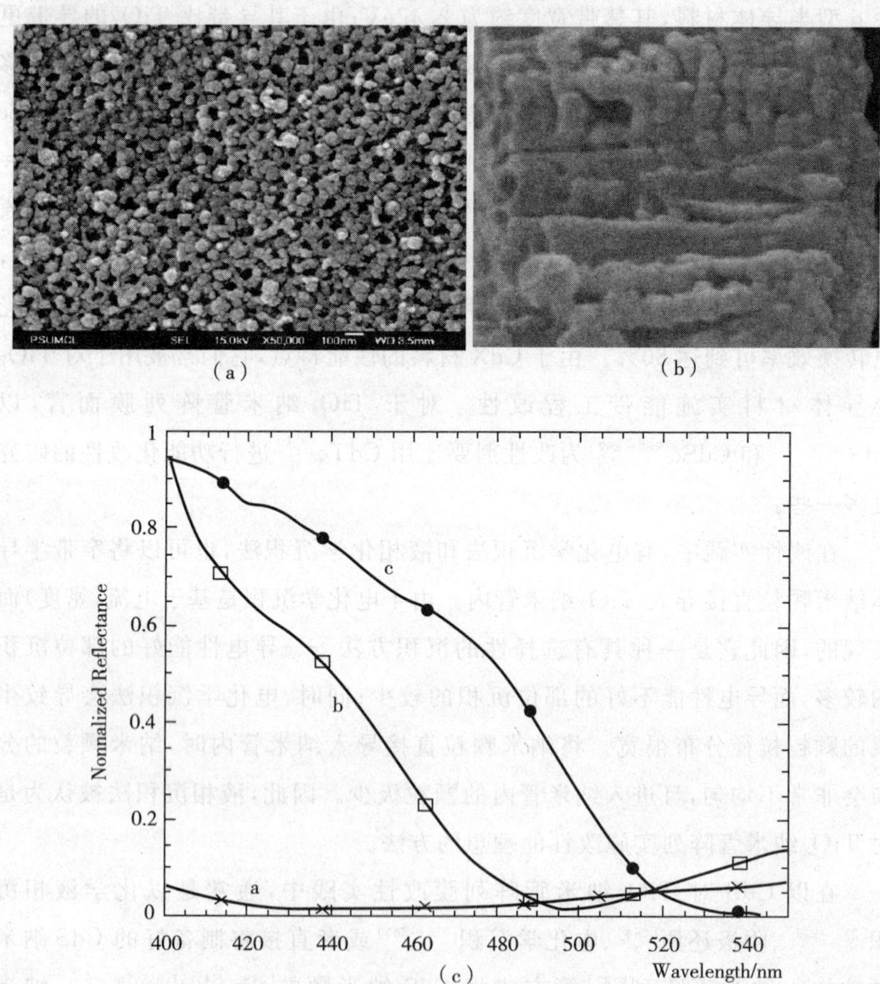

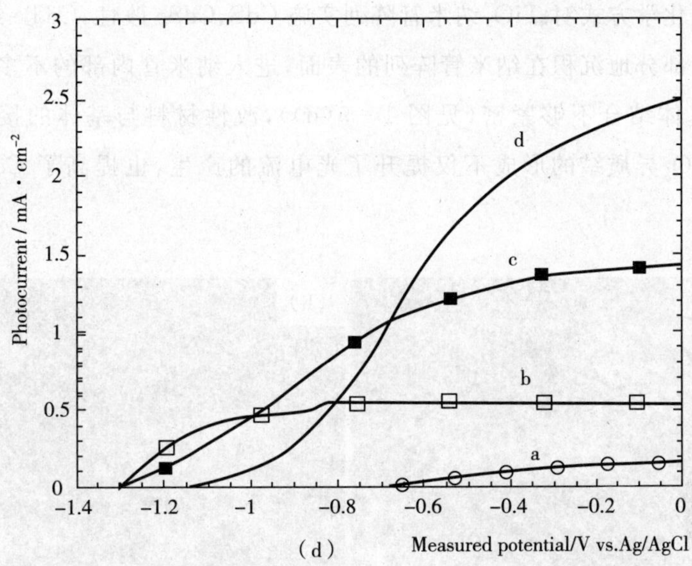

图1-8 以0.6MCd^{2+}、-0.5eV电化学沉积30min的电镜照片
及沉积不同时间纳米阵列的光吸收、光电流曲线
(a)正面电镜照片;(b)侧面电镜照片;(c)光吸收曲线;(d)光电流曲线

在现有文献中,以CdSe、CdTe对TiO_2纳米管阵列进行改性的较少。当以CdSe对TiO_2纳米管阵列进行改性时,可以将TiO_2纳米管阵列置于分散有CdSe纳米颗粒的液相体系中而实现CdSe纳米颗粒的导入[263,264],此时CdSe的沉积量通过控制TiO_2纳米管阵列的浸入时间进行调节;也可以用电化学沉积的方式将CdSe导入纳米管内[265~267]。但是以电化学沉积方式进行改性时,沉积的CdSe通常都附在纳米管阵列的表面,从而导致TiO_2纳米管口的堵塞,降低改性阵列的性能;以CdSe纳米颗粒进行改性时,CdSe纳米颗粒都呈现出不同程度的团聚,纳米管阵列管口处显示出不同程度的堵塞[263~267]。此外,CdSe纳米颗粒的大小对改性材料的性能影响很大:小粒径的纳米颗粒对纳米管阵列性能的提高要好于大粒径的颗粒;如果将两种不同粒径的纳米颗粒对纳米管阵列进行改性时,其性能要好于用单一粒径纳米颗粒进行改性。经改性的TiO_2纳米管阵列在可见光区显示出极其优越的光吸收性能和光电转换性能。以CdTe对TiO_2纳米管阵列进行改性时,可以通过电化学沉积的方式将CdTe纳米材料沉积在TiO_2纳米管内[268]。类

似于以电化学方式对 TiO_2纳米管阵列实施 CdS、CdSe 改性，CdTe 纳米材料也将绝大部分地沉积在纳米管阵列的表面，进入纳米管内部的不多，而且沉积物与基体结合不够紧密(见图 1-9(d))，改性材料与基体的接触面小。CdTe/TiO_2异质结的形成不仅提升了光电流的产生，也提高了 CdTe 的稳定性。

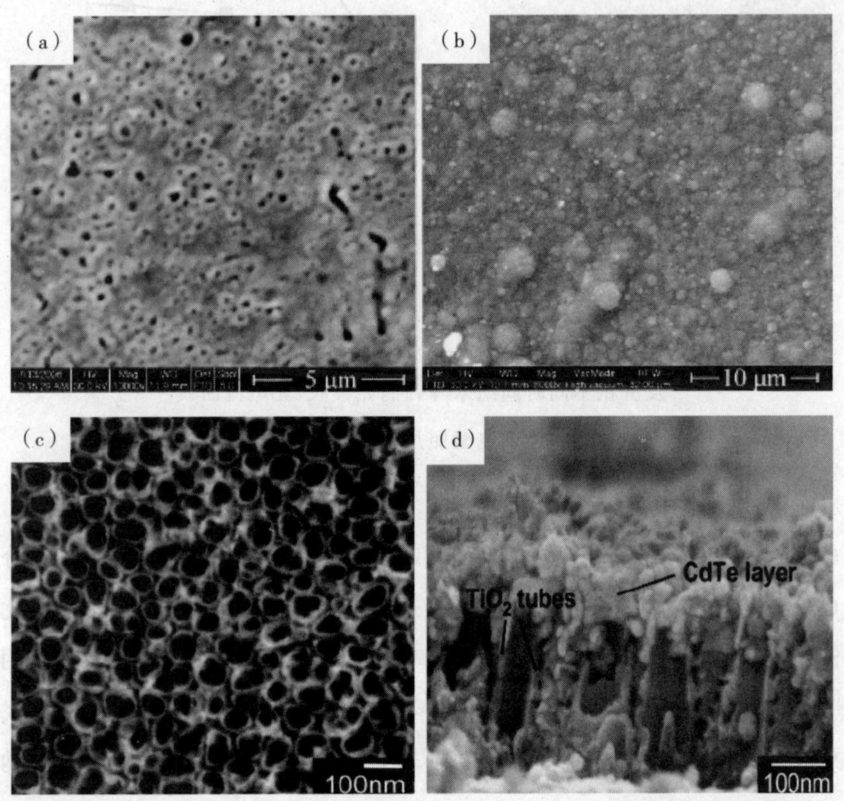

图 1-9　CdSe 改性前后的 TiO_2纳米管阵列[265]和 CdTe 改性前后的 TiO_2纳米管阵列[268]照片

(a)CdSe 改性前；(b)CdSe 改性后；(c)CdTe 改性前；(d)CdTe 改性后

实验表明，CdX(X=S、Se、Te)对 TiO_2纳米管阵列膜进行改性具有独特的优势[269]。当 CdX/TiO_2异质结形成后，由于 CdX 与 TiO_2的能带结构协同作用的结果，更有利于光生载流子从 CdX 的导带传递到 TiO_2的导带，因而可以有效地降低光生电子-空穴复合率，提高其光电流，而且改性层在

TiO_2分布越均匀、与 TiO_2接触越紧密，其光电性能越优异[268]。然而当前以 CdS、CdSe 等对 TiO_2纳米管进行改性时，由于电化学沉积自身的缺陷或者由于对化学沉积机理不清楚，致使改性成分在基体上分布非常不均匀，与基体结合不够紧密，使得其性能得不到很好的发挥，从而限制了其使用。

1.5 本文研究内容和意义

由于 TiO_2纳米管阵列具有许多独特的性质而在光催化、光分解水制氢、太阳能电池等方面具有极大的潜在应用，但是必须实施功能化改性才能实现其效用的最大化。然而，目前的改性都存在以下不足：

(1)染料敏化虽然能够延伸纳米管阵列的光吸收范围、提高光量子产率、促进光生电子-空穴对的分离，但是性能稳定的染料极少，且染料敏化后的纳米管阵列的应用范围将受到很大的限制——尤其不适合于高氧化性环境和流动相体系中。

(2)离子掺杂能够拓展纳米管阵列的光吸收范围到可见光区、增强光生载流子的有效分离，但是离子掺杂提高其光电性能和光催化性能的可能性和机理等方面尚存在异议；此外，虽然掺杂能够形成不同性质的区域而利于电荷的分离，但性质不同的区域是较均匀地分布在 TiO_2纳米管阵列内部的，这就难免在材料内部形成复合中心，因而导致纳米管阵列光电性能显著下降，或者根本不再具有光催化性能。

(3)金属修饰能够在金属与 TiO_2接触的界面处形成具有一定能垒的 Schottky 结。Schottky 结是一种具有整流特性的势能垒，它可以促进光生载流子的有效分离，但是它并未在本质上降低半导体材料的能带隙。因此，仅仅进行金属沉积改性，不可能有效地拓展半导体材料的光谱响应范围，提高光量子产率。

(4)对 TiO_2纳米管实施窄带半导体改性时，在二者接触的界面处能够形成异质结，而且改性成分在 TiO_2纳米管上分布越均匀、结合越紧密，其性能越优异。

由于不同能带结构的材料间协同作用的结果，能够使 TiO_2纳米管阵列的光吸收范围有效地延伸到可见光区从而大大地提高了光量子产率，并使光生电子-空穴被分离在性质不同的 TiO_2 和窄带半导体之间，从而有效地促进了光生载流子的分离。然而，对于电化学沉积改性而言，其自身的缺陷使得改性阵列的性能不能得到很好的发挥；对于化学沉积改性而言，当前在 TiO_2 纳米管内的窄带半导体沉积机理尚不清楚，沉积组分分布不均匀，因而使得改性的窄带半导体材料与 TiO_2 的结合不够紧致且接触面很小——尤其是以电化学沉积方式得到的改性材料。

实验证明，纳米材料的形貌对其性能有着极大的影响——对于具有光腐蚀特点的半导体材料而言就显得更加重要。因为当其形貌有利于光生载流子的及时导出与分离时，尽管它们有光腐蚀的特点，但是其稳定性将大大提高。同时，当改性材料与 TiO_2 纳米管壁结合紧密时，在窄带半导体上产生的电子将更容易传递到 TiO_2 层上，从而避免了光生电子-空穴对的复合。此外，当改性材料在纳米管壁上分布越均匀，二者的接触界面就越大，接触界面的最大化更有利于光生载流子的分离。因此，掌握沉积材料在纳米维度空间内的沉积机理，并以之指导 CdX 材料的可控沉积，将是改善目标材料的性能、提高其稳定性的重要环节。

基于以上分析，本研究将以 TiO_2 纳米管阵列为基底，将 CdS、CdSe 等半导体材料经化学沉积的方式可控沉积在纳米管内，然后在沉积了(CdS＋CdSe)的纳米管上进行贵金属沉积改性，并对改性后的纳米管阵列的光学、电学性能进行系统的研究，从而优化沉积条件，制备出性能优异的改性 TiO_2 纳米管阵列。具体研究内容如下：

(1)因为在 TiO_2 纳米管阵列制备过程中，各参数的变化都将体现在阳极氧化过程中电流(密度)上，因此本文将通过研究阳极氧化过程中的电流密度变化曲线与所制备的 TiO2 纳米管阵列形貌的关系，寻找制备高度有序纳米管阵列的相关条件。

(2)以 CdS、CdSe 为窄带半导体，通过把握 CdS 及 CdSe 在 TiO_2 纳米管内的沉积机理，实现各改性组分在纳米管内的可控沉积，优化改性组分与纳米管的接触面积与接触紧密性。

(3)在沉积了 CdS 的 CdS/TiO_2 纳米管阵列内进一步控制沉积 CdSe，从而获得结构渐变的 CdSe/CdS/TiO_2 材料；对 CdSe/CdS/TiO_2 材料的微观结构及性能进行表征，构建改性阵列的性能与相关参数间的关系。

(4)在 TiO_2 纳米管及沉积了(CdS+CdSe)的 TiO_2 纳米管上沉积具有特定功函的金属材料，研究沉积金属前后 TiO_2 纳米管阵列的性能，获得对 $CdSe/CdS/TiO_2$ 复合材料改性的相关参数，力求获得具有预期性能的改性 $CdSe/CdS/TiO_2$ 纳米管阵列。

本研究从有利于后续功能化改性的纳米管阵列的制备出发，通过掌握 CdS 及 CdSe 在 TiO_2 纳米管内的沉积机理，实现其在纳米管内的可控沉积。然后将特定功函的金属沉积在 $CdSe/CdS/TiO_2$ 材料上。改性过程将窄带半导体材料的可控沉积、改性成分长效保护、异质结/Schottky 结等多重技术结合起来，探求 TiO_2 纳米管阵列改性材料的性能与各相关参数的关系及其电荷传输机制，将为纳米 TiO_2 光催化剂、光电转换器件等的发展开辟一个新的方向，为设计和制备具有良好光电转换性能、光催化性能的器件和新型功能薄膜提供依据。

本论文工作得到了国家自然科学基金“纳米制造的基础研究”重大研究计划培育项目(91023030：基于改性 TiO_2 纳米管阵列的传感器件的构造研究)、面上项目(20571022：一种新型化学沉积纳米复合材料涂层制备与物性研究；51072044：一维纳米 TiO_2/云母(凹凸棒石)复合结构的制备及性能研究)及安徽省国际科技合作项目(100080703017：先进纳米材料在水污染的检测与治理中的应用研究)的资助。

第2章 阳极氧化电流密度对 TiO_2纳米管阵列形貌的影响

阳极氧化的实质就是金属在电场辅助下的氧化与金属氧化物的溶解过程的统一。在阳极氧化制备 TiO_2 纳米管阵列过程中，各因素对纳米管阵列形貌的影响最终都将体现在电流密度对形貌的影响上。本章通过探求阳极氧化电流密度与纳米管阵列形貌的关系，获得了高度有序、管壁光滑、膜厚度大的纳米管阵列。

2.1 引 言

阳极氧化制备 TiO_2纳米管阵列的实质就是金属钛在电场支持下的氧化过程与 TiO_2的溶解过程的统一。自从利用阳极氧化技术制备 TiO_2纳米管阵列膜以来，人们对 TiO_2纳米管阵列的形成机理进行了一定的研究，尤其是探索了阳极氧化过程中各相关参数，如电解质种类及浓度，电极材料，溶剂种类和相对含量，阳极氧化电压、电流和温度等，对 TiO_2纳米管阵列形貌与性能的影响。

虽然目前人们对纳米管阵列的形成机理与各因素对纳米管阵列形貌的影响还有异议，但是从本质上说，阳极氧化过程中各相关参数对阳极氧化过程的影响归根到底都将反映在工作电极的电流密度上。当相关参数利于电荷传递时，电流密度大，氧化行为明显，电场辅助下的致密层溶解行为也明显，因此能够实现纳米管阵列的高度有序、管径及管长的增大；但是，当电流密度过大时，所生成的纳米管将发生塌陷、纳米管的形貌将受到破坏。相反，当相关参数不利于电荷传递时，电流密度变小，氧化行为不非常明显，电场辅助下的致密层溶解行为也较弱，因而纳米管阵列的有序度、管径及管长等参数也就相应变小。因此,电流密度是影响纳米管阵列结构的本质因素[126,130]。

研究表明,有序度高、膜厚度大、纳米管分布均匀的纳米管阵列不仅具有更优异的性能,也更利于后续的功能化改性。因此,通过调控各种因素实现纳米管阵列的可控构筑已经成为制备过程中的核心内容。

为了制备具有预期结构的纳米管阵列,本章通过改变阳极氧化电流密度,探索了 TiO_2 纳米管阵列形貌的变化规律,制备了高度有序、膜厚度大、纳米管分布均匀的 TiO_2 纳米管阵列。

2.2 实验材料与方法

2.2.1 实验原料、试剂及仪器

实验过程中所使用的试剂及仪器分别列于表 2-1 和表 2-2。

表 2-1 试 剂

名 称	规 格	产 地
NH_4F	分析纯	国药集团化学试剂有限公司
$HOCH_2—CH_2OH$	分析纯	上海中试化工总公司
CH_3CH_2OH	分析纯	南京吉瑞试剂有限公司
H_2O_2	分析纯	广东汕头西陇化工厂
H_2SO_4	分析纯	上海中试化工总公司
金属钛片	99.7%,0.1mm	北京有色金属与稀土应用研究所

表 2-2 实验仪器

仪器名称	规格、型号	产地/厂家
直流电源	DF1782SL1A	宁波中策电子有限公司
高温保护气氛箱式实验电炉	SX2—8—13Q	宜兴市精益电炉有限公司
真空干燥箱	ZK8LBB	上海实验仪器有限公司
超声清洗仪	KQ—50E	昆山超声仪器有限公司
场发射扫描电子显微镜	Sirion200	FEI 公司
多晶 X 射线衍射仪	D/max—γB	日本 Rigaku

2.2.2 实验过程和技术路线

2.2.2.1 TiO_2纳米管阵列膜的制备

制备过程如下：

(1)将金属钛片在80℃的H_2O_2溶液中浸泡1h；

(2)将钛片取出用蒸馏水冲洗后转入40℃的($H_2SO_4+NH_4F$)溶液中除去表面的氧化物；

(3)将钛片取出，分别用蒸馏水、污水乙醇冲洗，干燥后，在NH_4F浓度为0.28wt%的($EG+NH_4F$)中阳极氧化，并测定电流密度随时间的变化情况；

(4)将样品取出，用蒸馏水清洗后置于无水乙醇中超声清洗，干燥后备用。

2.2.2.2 TiO_2纳米管阵列表征

为了研究所制备的纳米管阵列的微观形貌及晶体结构，分别对其进行扫描电子显微镜和X射线衍射表征。

2.3 实验结果与分析

2.3.1 阳极氧电流密度对TiO_2纳米管阵列形貌的影响

图2-1至图2-6为不同阳极氧化电流密度曲线及由此制备的TiO_2纳米管阵列的扫描电子显微镜照片。从图中可见，当阳极氧化电流密度曲线不同时，所制备的TiO_2纳米管阵列膜的孔洞结构、管壁厚度、纳米管结构规则性、纳米管分布均匀性以及膜的厚度相差非常大：电流密度越小，所制备的纳米管阵列有序性越差，膜的形状越不规则，膜厚度越小；电流密度越大，纳米阵列的有序性越好，膜厚度越大；但电流密度太大，将会导致纳米管阵列的有序性降低。

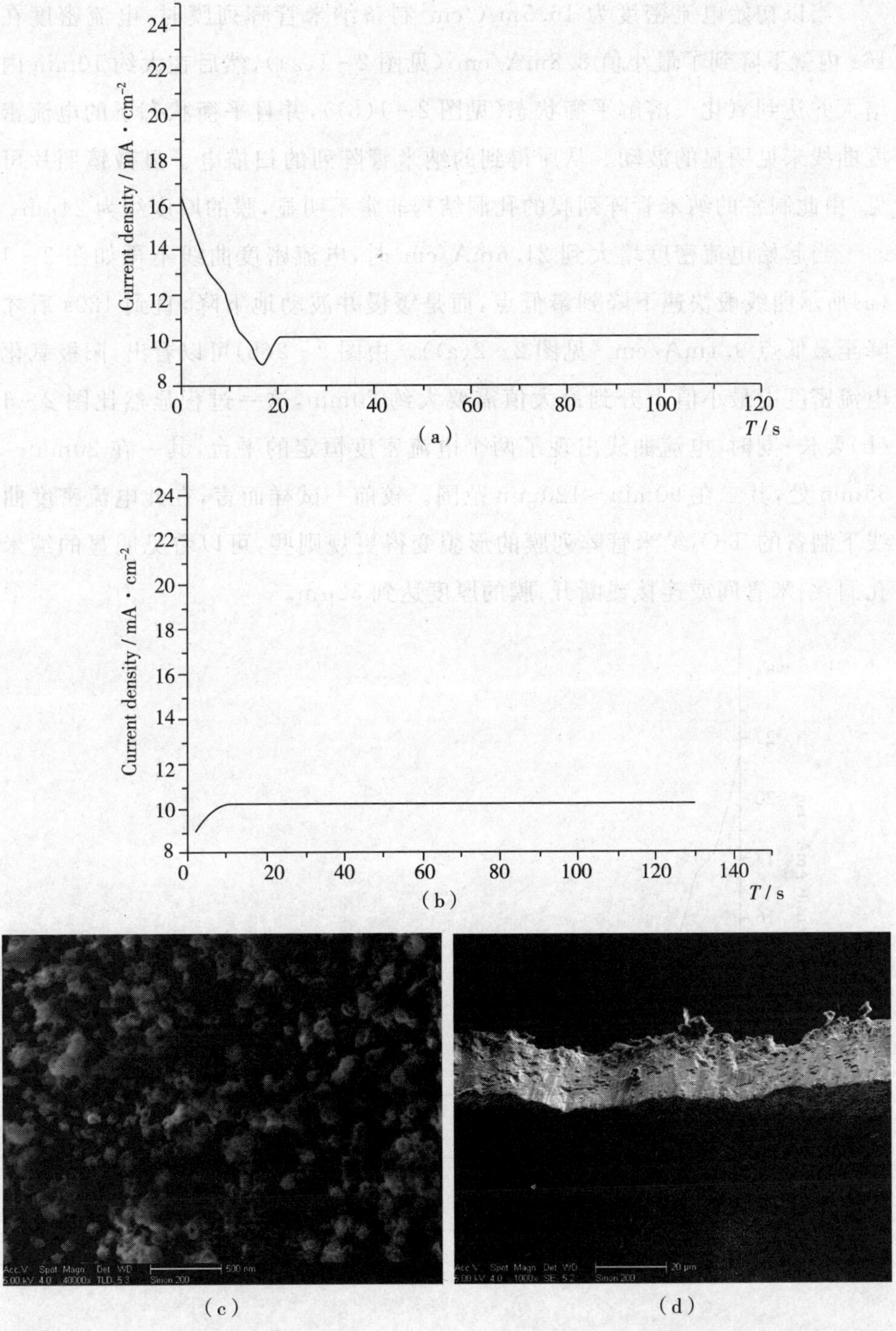

图 2-1　起始电流密度为 16.5mA/cm² 的电流曲线及由此制备的 TiO_2 纳米管阵列膜

当以初始电流密度为 16.5mA/cm^2 制备纳米管阵列膜时，电流密度在16s 内就下降到了最小值 8.8mA/cm^2（见图 2-1(a)），然后在大约 10min 内增大并达到氧化—溶解平衡状态（见图 2-1(b)），并且平衡状态下的电流密度曲线未见明显的波动。从所得到的纳米管阵列的扫描电子显微镜照片可见，由此制备的纳米管阵列膜的孔洞结构非常不明显，膜的厚度约为 24μm。

当起始电流密度增大到 21.6mA/cm^2 时，电流密度曲线不再如图 2-1(a)所示曲线般快速下降到最低点，而是缓慢并波动地下降，直到 120s 后才降至最低点 9.1mA/cm^2（见图 2-2(a)）。由图 2-2(b)可以看出，阳极氧化电流密度由最小值上升到最大值需要大约 20min，这一过程显然比图 2-1(b)要长；同时，电流曲线出现了两个电流密度恒定的平台，其一在 20min～55min 处，其二在 90min～120min 范围。较前一试样而言，在此电流密度曲线下制备的 TiO_2 纳米管阵列膜的形貌变得更规则些，可以看见明显的纳米孔洞，纳米管间或连接或断开，膜的厚度达到 32μm。

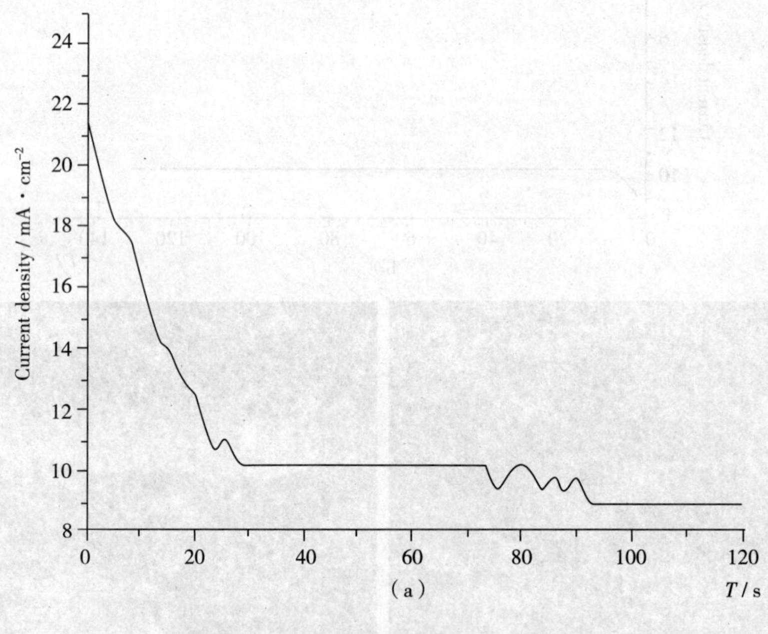

(a)

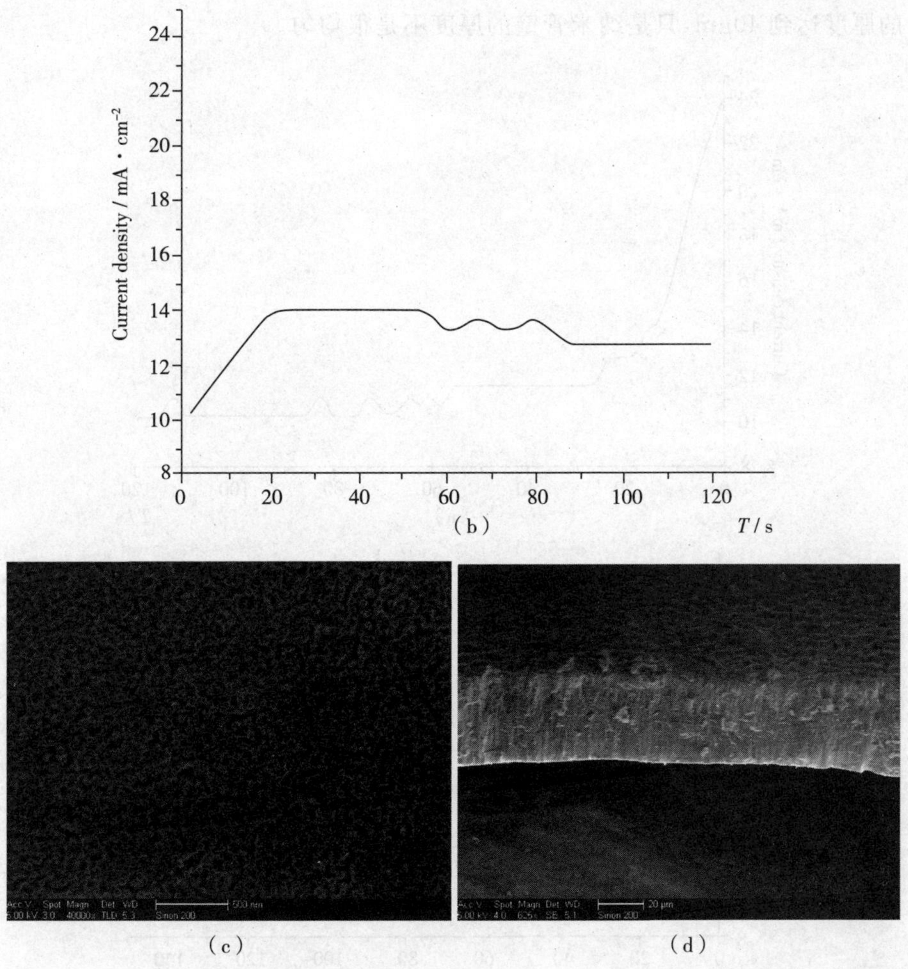

图 2－2　起始电流密度为 21.5mA/cm² 的电流曲线及由此制备的 TiO_2 纳米管阵列膜

当起始电流密度为 24mA/cm² 时，随着阳极氧化的进行，电流密度也缓慢下降，在下降过程中也出现电流波动，直到 85s 后降低到最小值 10.3 mA/cm²（如图 2－3(a)）。由图 2－3(b)可见，阳极氧化电流密度由最小值上升到最大值需要大约 19min，这一过程与图 2－2(b)区别不明显；同时，电流密度在 20min～65min 范围内反复波动，直到 70min 后才保持恒定状态。也就意味着到 70min 后氧化—溶解过程才达到平衡。从 SEM 照片可以看到，所制备的纳米管阵列具有清晰的孔洞结构，纳米管径更加均匀，纳米管分布也变得更加均匀，不再有裂纹样的结构。所制备的纳米管阵列内径约为 50nm，膜的厚度达到 40μm，只是纳米管壁的厚度不是很均匀。

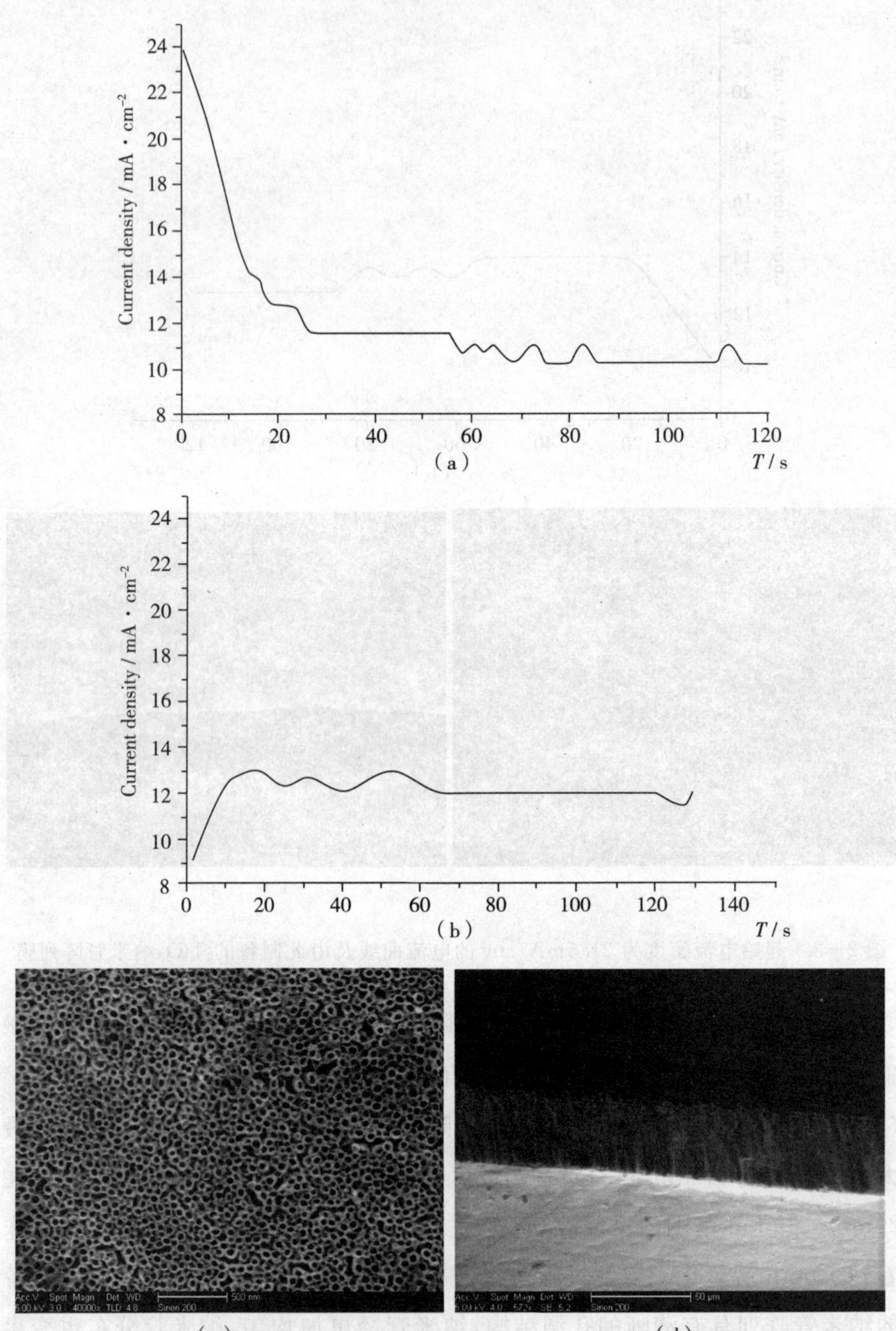

图 2-3　起始电流密度为 $24mA/cm^2$ 的电流曲线及由此制备的 TiO_2 纳米管阵列膜

图 2-4(a)和 2-4(b)分别是当起始电流密度为 29mA/cm^2 时，电流密度在短时间(120s)和长时间(140min)内的变化情况。如图 2-4(a)所示，随着阳极氧化的进行，电流密度变化更加缓慢，并且不再像前面的实验那样出现电流密度上下波动，而是呈阶梯状下降。当阳极氧化进行至 120s 时，电流密度下降到最低值 15.1mA/cm^2；同时，电流密度由最小值增大到最大值时需要约 48min，此后便波动地下降至 110min 后达到平衡状态(如图 2-4(b))。从所制备纳米管阵列的扫描电子显微镜照片可以看到，纳米管阵列结构更加规整，不仅纳米管管径、管壁厚度等参数更加均匀，纳米管分布也更加均匀。所得到的纳米管阵列平均内径为 110nm，管壁厚度约为 23nm，膜厚度为 55μm。

图 2-5 为起始电流密度为 31.5mA/cm^2 时，阳极氧化体系的电流密度随时间变化曲线及由此制备的 TiO_2 纳米管阵列膜的扫描电子显微镜照片。由图 2-5(a)可以看到，此时的电流密度变化也像图 2-4(a)一样，随着阳极氧化的进行，电流密度变化很缓慢，并且电流密度也呈阶梯状下降。当阳极氧化进行至 120s 时，电流密度下降到 13.8mA/cm^2。同时，电流密度由最小值增大到最大值时需要约 50min，此后便几乎恒定地保持在 20.5mA/cm^2(如图 2-5(b))——意味着此时氧化—溶解达到了平衡。从所制备纳米管阵列的扫描电子显微镜照片可以看到，在此电流密度下制备的纳米管阵列结构非常规整，纳米管间相互联系着，纳米管非常清楚，纳米管径、纳米管分布及其形貌都非常规则，可见开口形状高度有序。所得纳米管阵列的管径、管壁、膜厚度分别约为 120nm、10nm、80μm。

图 2-6 为起始电流密度为 55mA/cm^2 时，阳极氧化体系的电流密度随时间变化曲线及由此制备的 TiO_2 纳米管阵列膜的扫描电子显微镜照片。从图 2-6 可看出，当起始电流密度增大至 55mA/cm^2 时，虽然电流密度曲线在 120s 范围内与图 2-4(a)、图 2-5(a)所示曲线无明显差别，但是在此电流密度下制备的 TiO_2 纳米管阵列形状发生很大的变化。所制备的纳米管阵列膜的厚度可达～140μm，但是对比图 2-4、图 2-5 扫描电镜照片可以看出，图 2-6 中的纳米管不再是在区域内均匀、规则地分布，而是沿着某一特定的方向排列着。此外，纳米管阵列的管径和管壁厚度等参数也发生了很大的变化，管径与管壁厚度不再分布均匀。

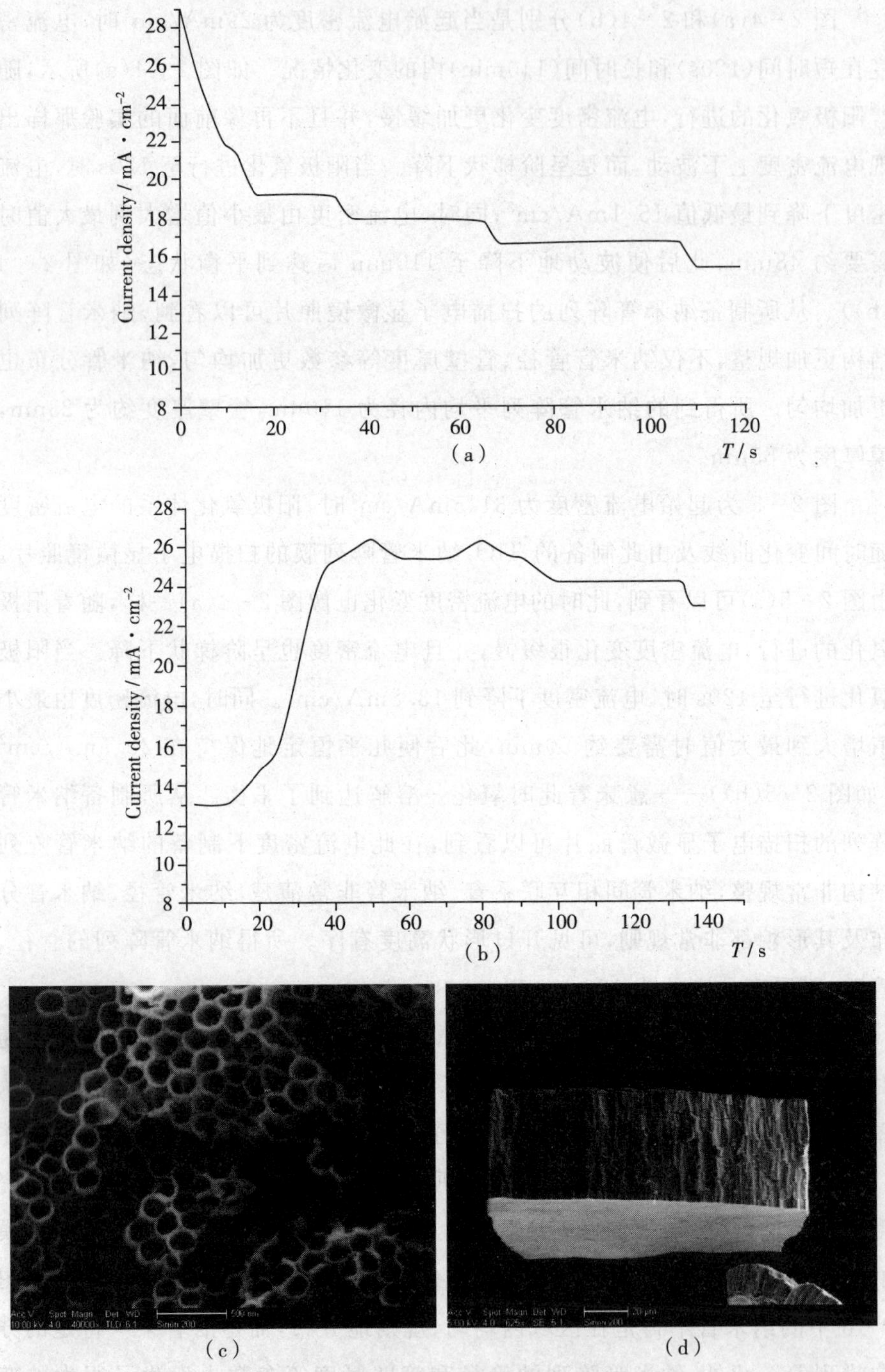

图 2-4　起始电流密度为 29mA/cm² 的电流曲线及由此制备的 TiO_2 纳米管阵列膜

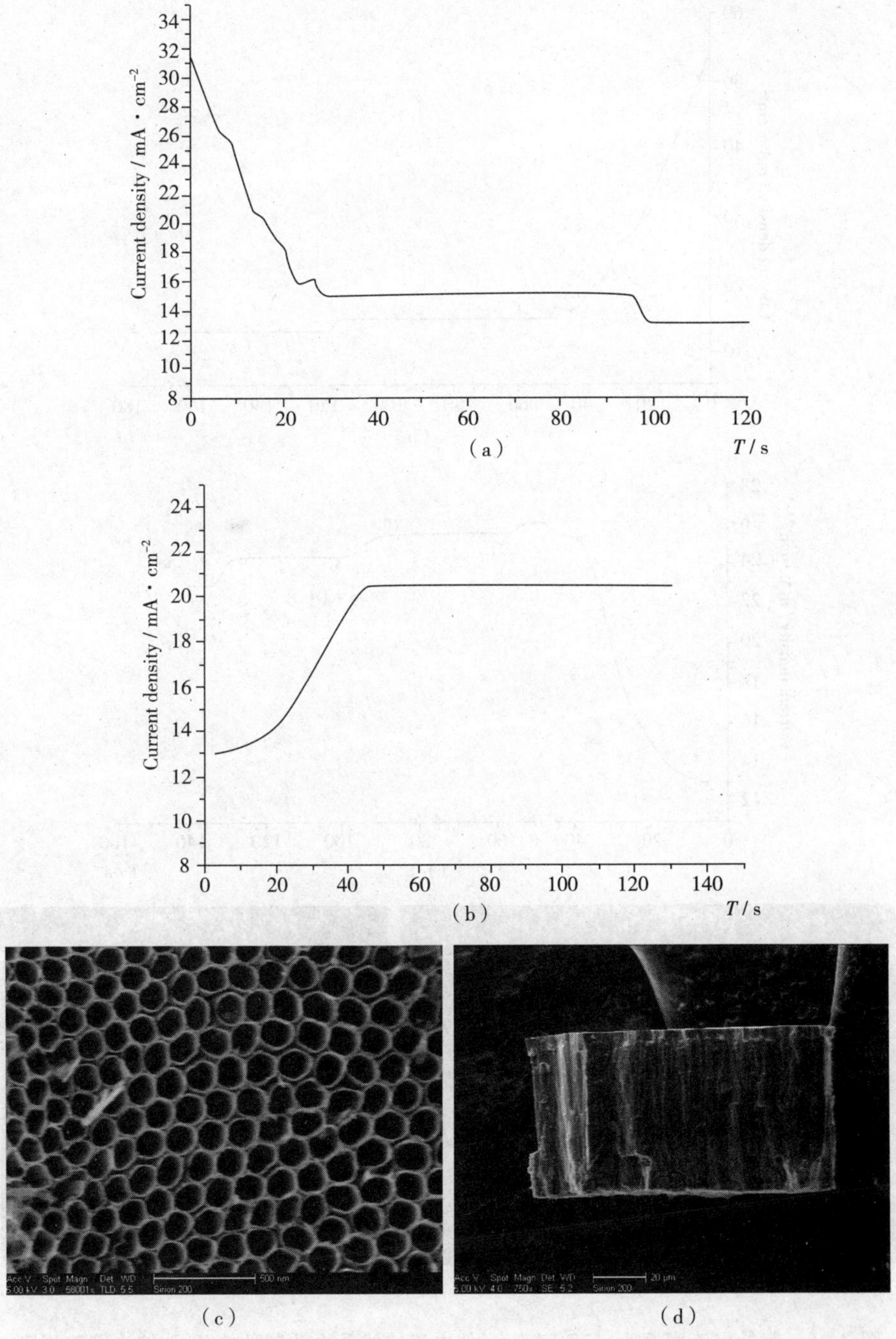

图 2－5　起始电流密度为 31.5mA/cm^2 的电流曲线及由此制备的 TiO_2 纳米管阵列膜

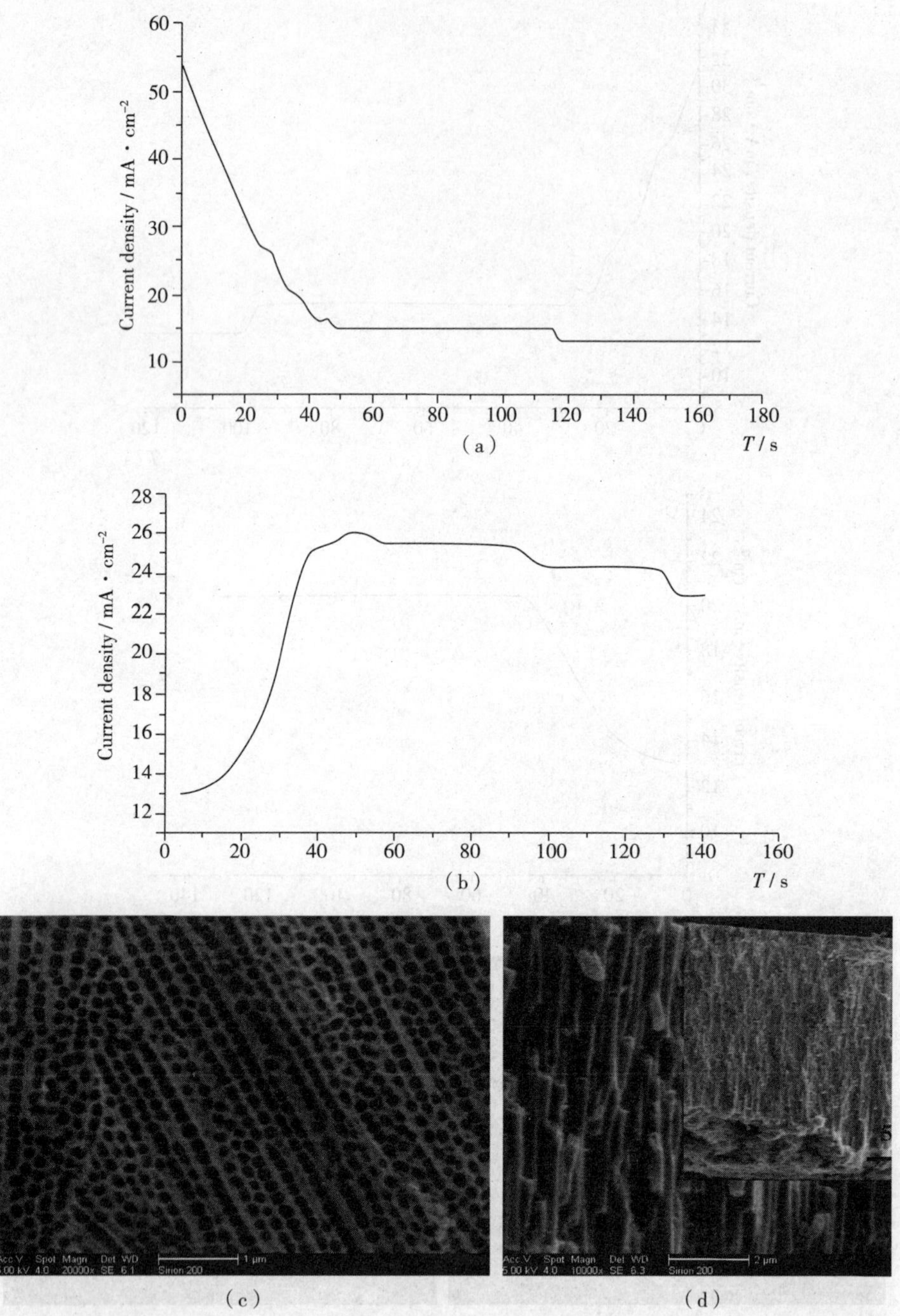

图 2-6 起始电流密度为～55mA/cm^{2}的电流曲线及由此制备的 TiO_2纳米管阵列膜

综上所述，TiO_2纳米管阵列的形成与阳极氧化电流密度息息相关。阳极氧化过程一旦开始，金属钛片表面将形成致密的氧化层。由于电学性能较差的致密层的形成，使得电流急剧下降；与此同时，氧化物在电场辅助下的溶解过程也将发生。当阳极氧化电流密度较小时，金属钛片的氧化程度也就较弱，阳极氧化过程和电场辅助下的溶解过程可以较快达到平衡状态（如图 2－1），因而所形成的纳米阵列膜将较薄。同时，电解液对氧化层的腐蚀过程是在电场辅助下进行的，当电场强度较小时，化学溶解行为占据主导，因而纳米孔洞结构有序性就较差；当电场强度逐渐增大时，金属氧化物形成并被溶解平衡所需的时间将增长，因而所形成的膜的厚度和管径就增加；并且，由于电场强度增大，离子穿透致密层的能力也相应增强，电场辅助下的溶解行为也更具有导向性，因而所得到的纳米管阵列将更加有序，孔径及管壁等参数更趋均匀。然而，当电流密度进一步增大时，所制备的 TiO_2 纳米管阵列的有序度及管结构等发生很大的变化——纳米管的管径、管壁及纳米管分布变得很不均匀。因此，相关参数的选择必须使金属氧化过程和氧化物溶解过程相得益彰，否则就不可能得到理想的纳米管阵列。

2.3.2　TiO_2 纳米管阵列的 XRD 分析

图 2－7 为将所制备的 TiO_2 纳米管阵列在 450℃下处理 5h 后的 X 射线衍射图样，图 2－7(a)除掉了金属基体，而图 2－7(b)未除去金属基体。图中，2θ 为 25.3°、38.6°、48.2°、53.5°、55.6°、62.8°为锐钛矿型 TiO_2 的特征吸收峰(JCPDF 21—1272)，而 35.2、38.3 与 40.2 是金属钛的特征吸收峰。可见，所制备的纳米管阵列为锐钛矿型晶体。

2.4　本章小结

通过控制阳极氧化的电流密度，探索了阳极氧化电流密度对 TiO_2 纳米管阵列形貌的影响。电流密度过小或者过大都不利于高度有序的 TiO_2 纳米管阵列膜的制备，当阳极氧化电流密度为～31mA/cm^2 时，能够得到管壁、内径及管分布均匀、膜厚度大的高度有序 TiO_2 纳米管阵列。

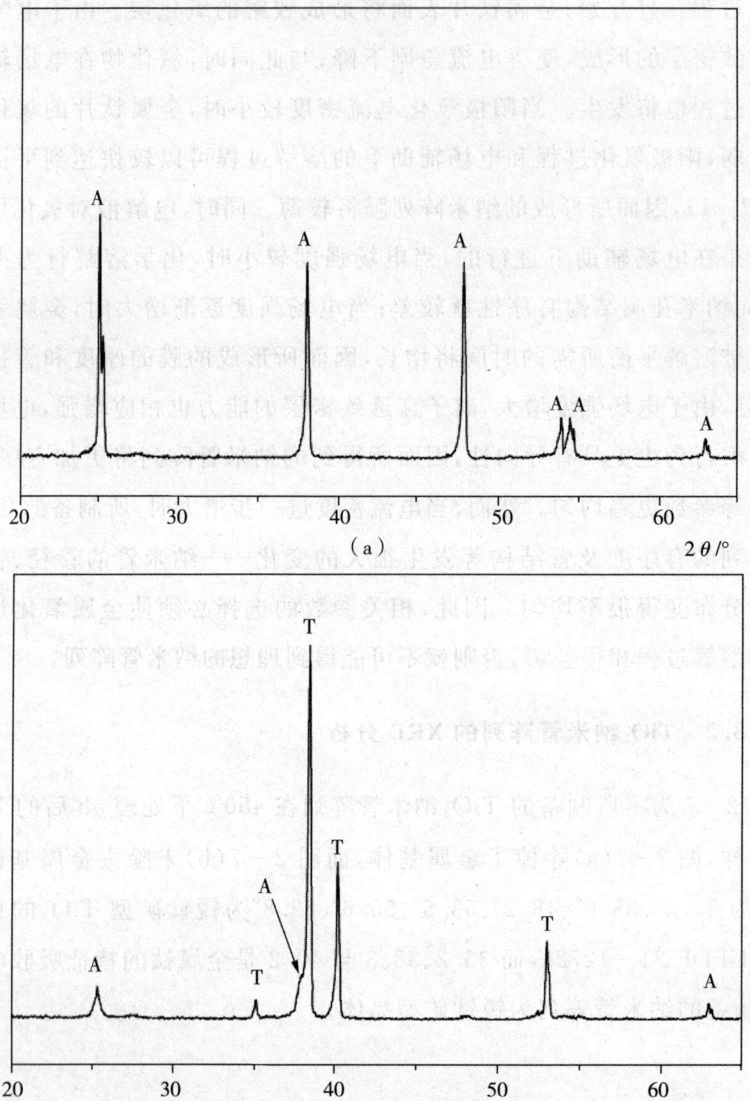

(a)

(b)

图 2-7　除去金属基体及未除去金属基体的 TiO_2 纳米管阵列的 XRD 分析

(a)除去金属基体的；(b)未除去金属基体的

第 3 章　CdS、CdSe 在 TiO_2 纳米管内的沉积机理与物性

通过把握 CdX(X＝S、Se)在 TiO_2 纳米管内的沉积机理，实现了 CdX 在 TiO_2 纳米管内的可控沉积，从而获得具有预期结构的改性阵列。实验结果表明，CdX/TiO_2 体系的光吸收随着 CdX 的量增加而增强，光吸收限也随之红移；其光电性能随 CdX 的量的增加先提高，然后下降。

3.1　引　言

CdS 是一种电荷传输性能优良的 n 型直接跃迁型半导体材料，其禁带宽度约为 2.4eV。由于其导带比 TiO_2 的导带更负～0.5eV(如图 3－1 所示)，当 CdS/TiO_2 异质结形成以后，CdS 中产生的载流子更容易注入 TiO_2 的导带，从而有效降低了光生电子-空穴对的复合。CdSe 也是一种电荷传输性能优良的、能够有效俘获太阳光能的直接跃迁型半导体材料，其禁带宽度约为 1.76eV，并且其电荷传输性能还可以通过调节介质的 pH 值进行调控。因此，以 CdS、CdSe 对 TiO_2 纳米管阵列膜进行改性已成为当前的研究热点。

实验表明，CdX(X＝S,Se)对 TiO_2 纳米管阵列膜改性具有独特的优势。当 CdX/TiO_2 异质结形成后，应更有利于光生电子从 CdX 的导带传递到 TiO_2 的导带，因此改性纳米管阵列的光吸收限都有不同程度的红移，光量子产率更高，电子-空穴对分离能力更优异。以 CdX 对 TiO_2 纳米管阵列改性时，通常是以化学沉积[247～253]、阴极还原[254]、电化学沉积[255～259,265,268]或者直接将制备好的纳米颗粒导入纳米管[261～264]等方式将纳米颗

粒[248～254,257,258,261～264]、纳米管[247,255]、纳米线[255,256]沉积在 TiO_2 纳米管中。阴极还原和电化学沉积过程是有选择性的。沉积过程中，材料将优先沉积在导电性能较好的部位，因此沉积的改性材料在纳米管上的分布很不均匀，极易堵塞纳米管口[263,265～268]而导致改性阵列性能下降。将纳米颗粒直接导入纳米管时，由于溶胶的稳定条件发生改变，纳米颗粒极易团聚，从而导致在纳米管阵列上分布非常不均匀。而化学沉积方式是一种选择性很小的、从离子出发的沉积过程，沉积物易于在纳米管内均匀沉积。

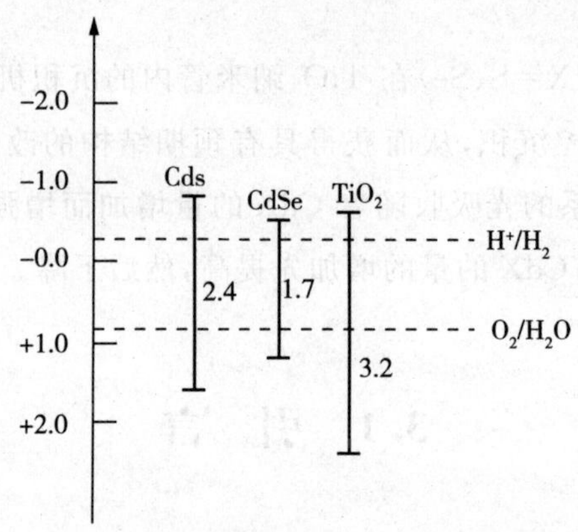

图 3-1　CdS、CdSe 及 TiO_2 的带隙及导带和价带的能级

材料的生长机制决定着材料的形貌，而形貌又决定着其性能——这一点对纳米材料尤为突出，而且对于窄带半导体改性的 TiO_2 纳米管阵列而言，当窄带半导体在纳米管上分布越均匀、与纳米管结合越亲密、接触面积越大时，光生电子-空穴对的分离效果就越好[268,269,272,273]。可见，把握窄带半导体材料在纳米管内的沉积机理可以对复合材料的形貌及性能进行剪裁与设计，从而获得具有预期性能的改性 TiO_2 纳米管阵列。然而到目前为止，虽然有人研究了纳米管内沉积[156,255]，但关于窄带半导体材料在纳米管内的沉积机理还是空白，因而未能对纳米管内的沉积物可控构筑。

鉴于以上分析，本章拟采用化学沉积方法，通过探索 CdX 在 TiO_2 纳米管内的沉积机理，实现对沉积材料的形貌调控。

3.2　实验材料与方法

3.2.1　实验原料、试剂及仪器

实验过程中所使用的试剂及仪器分别列于表 3－1 和表 3－2。

表 3－1　试　剂

名　称	规　格	产　地
Na_2S	分析纯	天津博迪化工有限公司
$CdSO_4$	分析纯	上海金山亭新化工试剂厂
Se 粉	分析纯	天津科密欧化学试剂有限公司
Zn 粉	分析纯	上海中试化工总公司
H_2SO_4	分析纯	上海中试化工总公司
NaOH	分析纯	上海中试化工总公司

表 3－2　实验仪器

仪器名称	规格、型号	产地/厂家
高温保护气氛箱式实验电炉	SX2—8—13Q 型	宜兴市精益电炉有限公司
场发射扫描电子显微镜	Sirion 200	美国 FEI 公司
紫外—可见光谱仪	Varian Cary 100	美国
真空干燥箱	ZK8LBB	上海实验仪器有限公司
拉曼光谱仪	Labram—HR	法国
三电极系统		TiO_2 纳米管为工作电极，Ag/AgCl 为参考电极，Pt 为对电极

3.2.2 实验过程和技术路线

3.2.2.1 CdS在TiO_2纳米管内沉积改性

首先确定浸渍的最佳时间：将制备的TiO_2纳米管阵列在1.0mol/L的Cd^{2+}溶液中静置6h、12h、24h，然后转移到比所用Cd^{2+}溶液浓度稍大的S^{2-}溶液中静置24h，以使Cd^{2+}完全转化为CdS，期间使纳米管口朝上。

为了比较导入离子之后纳米阵列膜洗涤与否对所形成的纳米CdS形貌的影响，分别制备了两个试样：一个试样以蒸馏水洗涤；另一个试样不洗涤。

为研究先期导入纳米管内的离子浓度对纳米管改性效果的影响，将纳米管阵列在一系列不同浓度的Cd^{2+}溶液(0.2mol/L、0.5mol/L、1.0mol/L、1.5mol/L)中浸渍某一时间，然后将试样取出，以蒸馏水轻轻洗涤后转移到较Cd^{2+}溶液浓度稍高的S^{2-}溶液中静置一定时间，使Cd^{2+}全部转化为CdS，实验过程如上一步所述。

为了探索离子导入顺序对所形成的CdS纳米材料的形貌的影响，以浓度为1.0mol/L的Cd^{2+}溶液为前期导入离子制备了一个试样；而另一个试样以1.0mol/L的S^{2-}溶液为前期导入离子获得。改性后的纳米阵列都在氮气氛下热处理后进行SEM、UV-vis、拉曼光谱及光电性能分析，以评价其形貌与性能。

3.2.2.2 CdSe在TiO_2纳米管内沉积改性

本文以Na_2Se为Se^{2-}前驱体来制备CdSe，Na_2Se制备过程类似文献[274]：首先，称取适量的锌粉、硒粉置于圆底烧瓶中(其中Zn稍微过量些，以使Se完全反应)，混合均匀后加热至黑色粉末成块，放置冷却，得到ZnSe。然后，经分液漏斗加H_2SO_4于圆底烧瓶中，排出的气体以NaOH吸收，加热至无气泡放出时停止反应。最后，将得到的Na_2Se溶液用H_2SO_4调至中性备用。

CdSe在TiO_2纳米管内的沉积改性类似于3.2.2.1，探索了Se^{2-}浸渍时间等因素对所形成的CdSe纳米材料的形貌的影响。改性后的纳米阵列都在氮气氛下热处理后进行SEM、UV-vis、拉曼光谱及光电性能测试。

3.3　实验结果与分析

3.3.1　CdS 在 TiO_2 纳米管内沉积改性

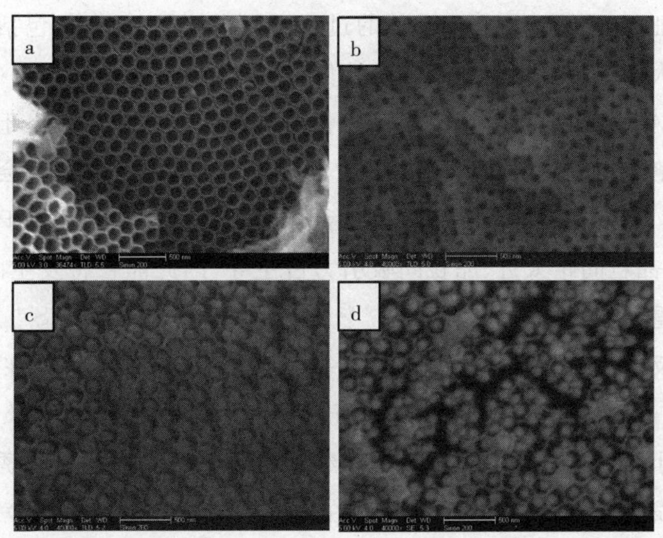

图 3-2　浸渍时间对 CdS 形貌的影响

(a)TiO_2 纳米管；(b) 6h；(c) 12h；(d) 24h

3.3.1.1　浸渍时间对 CdS 形貌的影响

为了探索浸渍时间对 CdS 形貌的影响，本实验以 1.0mol/L 的 Cd^{2+} 为先期导入离子，将试样分别浸渍不同的时间后取出并以蒸馏水轻轻冲洗，然后转入浓度稍高的 S^{2-} 溶液中静置 24h，随后将试样取出并在≤300 ℃下进行热处理。如图 3-2 所示，沉积前纳米管径约为 120nm。当将纳米管阵列在 1.0mol/L 的 Cd^{2+} 溶液中浸渍 6h 并与 S^{2-} 反应后，纳米管的内径减小到了 58nm，也就意味着 CdS 与 TiO_2 纳米管形成了同轴结构，管壁上沉积上了 33.5nm 的 CdS 层(如图 3-2(b))。当纳米管阵列在 Cd^{2+} 溶液中浸渍 12h 并与 S^{2-} 反应后，CdS 以纳米线的形式沉积在管内，其直径约为 110nm；同时，可以观察到 CdS 纳米线大部分都没有黏附在管壁上(如图 3-2(c))。当浸渍 24h 时，所得到的改性阵列与浸渍 12h 时所得到的改型阵列的结构并无明显的区别，沉积的 CdS 也主要以纳米线的形式沉积在管内，纳米线的直径约为 110nm，并且类似于前者，沉积的绝大部分 CdS 纳米线也未黏附在管壁上（如图 3－2(d)）。由此可见，当 TiO_2纳米管阵列在 1.0mol/L 的 Cd^{2+}溶液中浸渍 12h 时，Cd^{2+}从纳米管外向管内的扩散已经达到平衡，并且后续形成的 CdS 优先生长在前期形成的 CdS 颗粒上，而不是在 TiO_2上。

研究证明，从溶液中析出晶体的过程类似于结晶过程，都包括晶核形成和晶体长大两个阶段。当离子浓度较低时，容器壁上的晶格缺陷（如晶体阶梯、晶格位错等）将诱导溶液中的沉积物发生异相成核作用。由于晶核依附在晶格缺陷上可以降低成核的界面能[275]，因此形成的沉积物将会附着在纳米管壁上。当浓度足够大时，溶液体系中将形成大量晶核。由于大量的晶核的形成，晶粒间距太近、晶粒间吸引力占主导，因此晶粒将发生团聚，团聚的颗粒在重力作用下发生聚沉[275～279]。在本实验中，Cd^{2+}与 S^{2+}是在 TiO_2纳米管内反应生成 CdS 的。由此可以推断：当 TiO_2纳米管阵列在 Cd^{2+}溶液中浸渍 6h 时，由于纳米管内外 Cd^{2+}迁移尚未达到平衡，因此纳米管内 Cd^{2+}的浓度较小。在这样的浓度下，TiO_2 纳米管壁上的晶格缺陷将诱导异相成核反应的发生，因而得到的 CdS 依附在纳米管壁上（如图 3－2(b)）。当纳米管阵列在 Cd^{2+}溶液中浸渍 12h 及以上时，纳米管内外的 Cd^{2+}迁移已经达到平衡，因而纳米管内的 Cd^{2+}浓度较高。在此浓度下，CdS 晶核大量形成，而大量晶核的形成将导致晶粒间距太近、晶粒间的吸引力占主导，使得晶粒聚沉在纳米管底部。同时，由于物质的结构及成分一致等因素，后期形成的 CdS 倾向于在前期形成的 CdS 上生长而不是 TiO_2上。

3.3.1.2 先期导入离子浓度对 CdS 形貌的影响

为了探索先期导入离子的浓度对所形成的 CdS 纳米材料的形貌的影响，分别将纳米管阵列在浓度为 0.2mol/L、0.5mol/L、1.0mol/L、1.5mol/L 的 Cd^{2+}溶液中浸渍 12h，然后取出并用蒸馏水轻轻冲洗之后放入浓度比相应的 Cd^{2+}浓度稍高的 S^{2-}溶液中，反应期间使纳米管开口朝上。

图 3－3 为所制备的改性纳米管阵列的 SEM 照片。从图中可见，当纳米管内外的 Cd^{2+}迁移达到平衡后，以 0.2mol/L 的 Cd^{2+}溶液所获得的改性纳米管阵列管壁上附着了 CdS 纳米颗粒；以 0.5mol/L 的 Cd^{2+}溶液所得到的

改性纳米管阵列的管壁上附着的是一层 CdS，改性后纳米管阵列的内径约为 65nm——即一层厚度为 30nm 的 CdS 已经沉积在了 TiO_2 纳米管壁上；以 1.0mol/L 的 Cd^{2+} 溶液所得到的改性纳米管阵列的纳米管中沉积了直径为 110nm 的 CdS 纳米线，从顶端观察所形成的纳米线都没有和纳米管壁接触；以 1.5mol/L 的 Cd^{2+} 溶液所获得的改性阵列的纳米管已经全部被 CdS 纳米线所充满，从其侧面的电镜照片也可知此时的纳米线直径约为 120nm。可见，本实验结果进一步验证了上一实验的结果：当纳米管内的 Cd^{2+} 浓度较低时，纳米管壁诱导异相成核发生；当管内 Cd^{2+} 离子浓度较高时，大量的晶核在短时间内形成，这就导致晶粒间的距离太近、晶粒间吸引力占主导，因此晶粒将聚沉在纳米管底部——这与文献[255]所得到的结果是一致的。

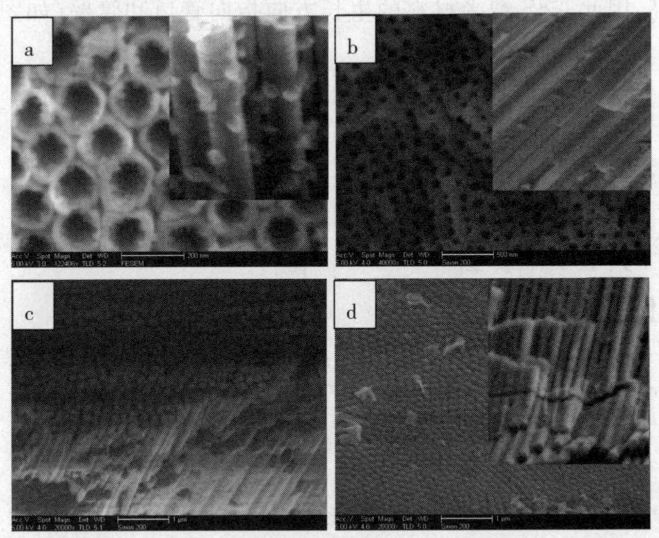

图 3-3　Cd^{2+} 浓度对 CdS 形貌的影响

(a)0.2mol/L；(b) 0.5mol/L；(c) 1.0mol/L；(d) 1.5mol/L

根据晶体生长机制可以知道，晶体的生长方向指向浓度梯度更高处。对于由 TiO_2 纳米管壁诱导的异相成核反应而言，CdS 晶粒将首先在管壁的缺陷处形成，此时纳米管中央的浓度梯度将是最高的，因此后面形成的 CdS 将在前期的 CdS 晶核上生长，生长方向指向纳米管中央。对于晶核聚沉在纳米管底部的情况而言，较高的离子浓度将导致大量的晶核在短时间内形成，由于晶粒间距太小、晶核间作用力以吸引力为主，晶核将发生团聚并在重力作用下沉降在纳米管底部，此时纳米管口一端和纳米管壁部位的浓度梯度更高，因此纳米材料的生长方向指向纳米管口和纳米管壁。

基于以上分析，可以推定 CdS 纳米材料在 TiO_2 纳米管内沉积机制如下：当纳米管内成核离子浓度较低时，纳米管壁的晶格缺陷、晶阶等因素将诱导异相成核反应的发生。为了降低异相成核反应的界面能，生成的 CdS 纳米材料将附着在 TiO_2 纳米管壁上。由于纳米管中央的浓度梯度比纳米管壁处的浓度梯度更高，CdS 纳米材料的生长方向指向纳米管中央。当管内成核离子浓度足够高时，大量的 CdS 晶核在管内生成，从而导致晶核间发生有效碰撞的几率急剧上升，使得晶核非常容易发生长大、团聚，进而在重力作用下聚沉在纳米管底部。由于纳米管口方向及管壁部位的浓度梯度比管底部的更高，因此 CdS 纳米材料的生长方向指向管口和管壁（如图 3-4）。

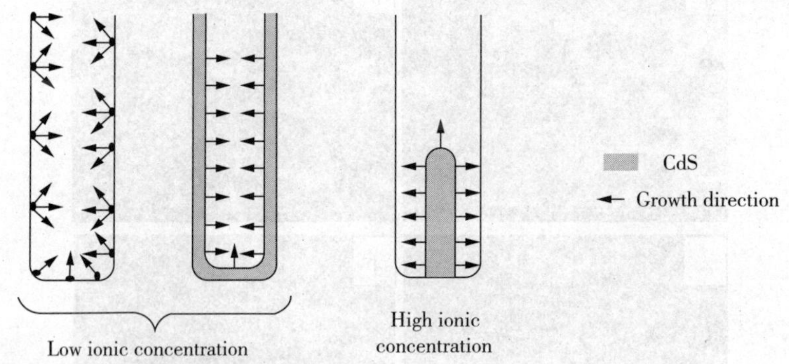

图 3-4 不同离子浓度下纳米管内 CdS 的形成机制

3.3.1.3 离子导入顺序对 CdS 形貌的影响

研究表明，不同离子的水合程度是不同的。因此，为了研究离子的导入顺序对 CdS 纳米材料的形貌的影响，分别将两个试样在浓度均为 1.0mol/L 的 Cd^{2+} 和 S^{2+} 溶液中浸渍 12h 后取出并以蒸馏水清洗，然后转入各自的沉淀离子溶液中静置 24h。

图 3-5 为分别以 Cd^{2+}（图 3-5(a)）和 S^{2+}（图 3-5(b)）为先期导入离子所获得的改性纳米管阵列的扫描电镜照片。从图中可见，当以 Cd^{2+} 为先期导入离子时，纳米管中沉积了直径约为 108nm 的 CdS 纳米线，所得到的纳米线排列规则、整齐，并且从开口端可以看见纳米线未接触 TiO_2 纳米管

壁；当以 S^{2+} 为先期导入离子时，所得到的改性纳米管阵列形貌与前者非常相似，只是此时的 CdS 纳米线直径约为 90nm。

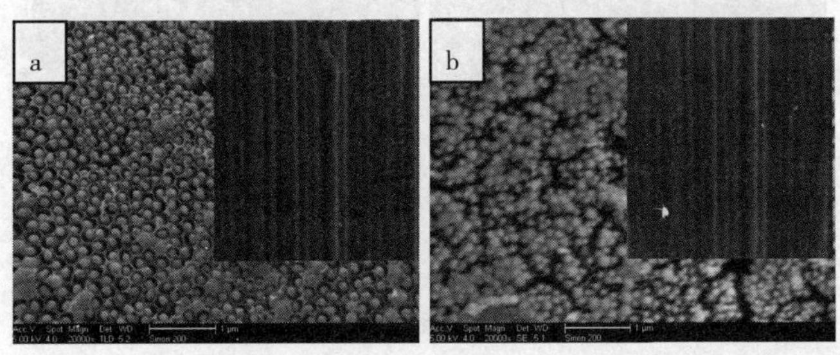

图 3－5　离子导入顺序对 CdS 形貌的影响（浓度均为 1.0mol/L）

(a) Cd^{2+} 先导入；(b) S^{2+} 先导入

当离子溶解在水中时，常常会发生水合作用——阳离子的四周将被水分子包围，其中的氧离子由于能提供孤对电子而较氢离子更趋近阳离子；阴离子的四周也被水分子包围，其中氢离子由于能提供空轨道而较氧离子更趋近阴离子[280,281]。离子的水合作用不仅影响离子的短程结构，也会影响离子的扩散性质。理论说明，不同离子其水合作用是不同的[280～283]，鲍林半径是离子水合作用强度的一个重要决定因素。对阳离子而言，鲍林半径通常在 0.5Å～1.2Å；而对阴离子而言，其离子半径通常在 1.2Å～2.2Å。同时，即使是同一个离子，当浓度较小时，离子在分散体系中分布离散，离子间作用力小，离子的电场作用力在距离子很远处才降为零，所以水合离子也较为松散，水合离子半径大；当浓度较大时，由于离子在分散相中分布紧密，离子间作用力大，离子的电场作用仅在距离子较近处就下降到零，因而水合离子结构紧密，水合离子半径小[284～288]。由此可知，尽管所用溶液都是 1.0 mol/L，但由于 Cd^{2+} 和 S^{2+} 水合能力不同，各自吸附的水分子数量也就不同，因而二者的水合离子半径也就不同。就本实验而言，有限的纳米管空间和水合离子间的斥力共同作用的结果，使得水合离子半径小的阳离子比水合离子半径大的阴离子更容易进入管内，从而导致纳米管内 Cd^{2+} 浓度要比 S^{2+} 大些，因此形成的 CdS 纳米线的直径也较大。此外，由于有限的纳米管空间及水化离子间的排斥，可以推断，即使离子迁移达到平衡，纳米管内的浓度也会比纳米管外的浓度要小。

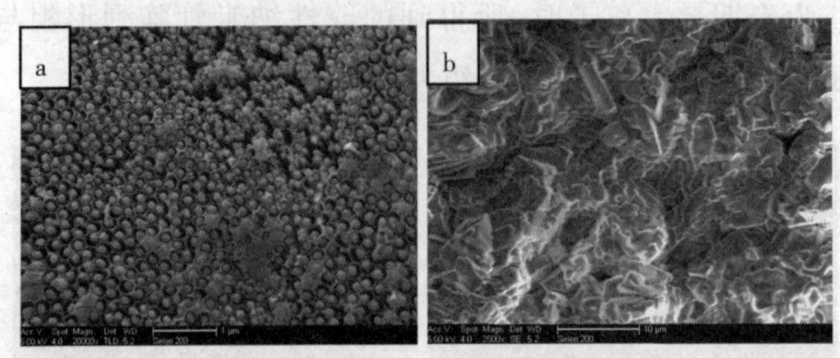

图 3-6 洗涤对 CdS 形貌的影响

(a)经过洗涤;(b)未洗涤

3.3.1.4 洗涤对 CdS 形貌的影响

图 3-6 为洗涤时对 CdS 形貌的影响。从图 3-6 可以看到,当导入离子后,对纳米管冲洗与否对改性材料形貌影响非常大。若对导入离子后的纳米管清洗时,改性纳米管阵列管壁与管内成分清晰可见;若导入离子后不进行清洗,所得到的改性纳米管将被 CdS 层覆盖,几乎看不见纳米管的结构。这是由于导入离子时,纳米管口一侧的表面也附着了一层溶液;当将导入 Cd^{2+} 后的纳米管置于 S^{2-} 中时,表面的 Cd^{2+} 也将转化为 CdS,形成的 CdS 自然会覆盖纳米管阵列。因此,在后续的纳米管改性过程中,导入离子后均进行了清洗,以阻止 CdS 在 TiO_2 表面形成。

3.3.1.5 CdS 形貌对改性纳米阵列的光学性能的影响

为探索改性后纳米管阵列的性能,本实验用以 Cd^{2+} 为先期导入离子、浓度分别为 0.2mol/L、0.5mol/L、1.0mol/L、1.5mol/L 所制备的 CdS/TiO_2 进行检测(其 SEM 图见图 3-3)。其中,光学性能检测包括 UV-vis 漫反射与拉曼光谱;光电化学性能是以 Ag/AgCl 为参比电极、TiO_2 纳米管阵列为工作电极、Pt 为对电极在 1.0 M Na_2S 水溶液、AM 1.5G 138.4mW/cm^2 下测得。

改性前后 TiO_2 纳米管阵列的光学禁带宽度(E_g)依据式(3-1)进行估算[289~291]:

$$\alpha h v = K(h v - E_g)^n \tag{3-1}$$

式中,h 为普朗克常数;v 为光子频率;K 为与材料相关的常数;n 为与跃迁类型相关的指数;吸附系数 α 可以吸光度值 A 代替。就 n 而言,当半导体材料是直接跃迁型半导体时，n 为 1/2；当半导体材料为间接跃迁时，n 为 2。对于 TiO_2 纳米材料载流子跃迁类型来说，有人认为是间接跃迁[155,292~294]，也有人认为是直接跃迁[295~297]，因此有必要确定本文所制备的纳米材料的跃迁类型。为了建立本实验所制备纳米材料的跃迁类型，可以将相关数值分别代入式(3-1)，从而得到间接跃迁型曲线$(\alpha hv)^{/12}-hv$和直接跃迁型曲线$(\alpha hv)^2-hv$；然后，分别在$(\alpha hv)^{1/2}-hv$和$(\alpha hv)^2-hv$曲线上作切线，切线与hv轴的交点就是材料的间接跃迁型光学禁带宽度和直接跃迁型光学禁带宽度。

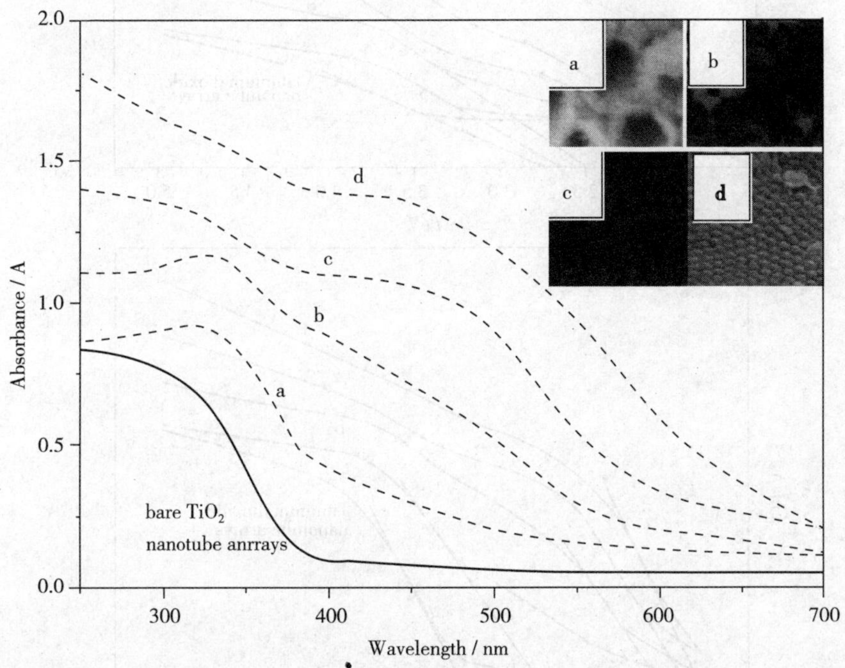

图 3-7 Cd^{2+}为先期导入离子且在不同浓度下制备的 CdS/TiO_2 的 UV-vis 光谱

(a)0.2mol/L；(b) 0.5mol/L；(c) 1.0mol/L；(d) 1.5mol/L

图 3-7 是 CdS/TiO_2 改性阵列的 UV-vis 光谱图。从图中可见，未改性的 TiO_2 纳米管阵列较强的吸收主要局限于紫外光区(＜380nm)，在可见光区的吸收非常弱；当在 TiO_2 纳米管内沉积 CdS 纳米颗粒后，其光吸收强度在 350nm～550nm 范围内显著增强；当 CdS 的量进一步增加，改性体系的光吸收范围也随之显著红移至可见光区，光吸收在紫外光区和可见光区都

显著增强。因此，以 CdS 对 TiO_2 纳米管阵列改性可以有效地提升光吸收强度，拓展光吸收范围。

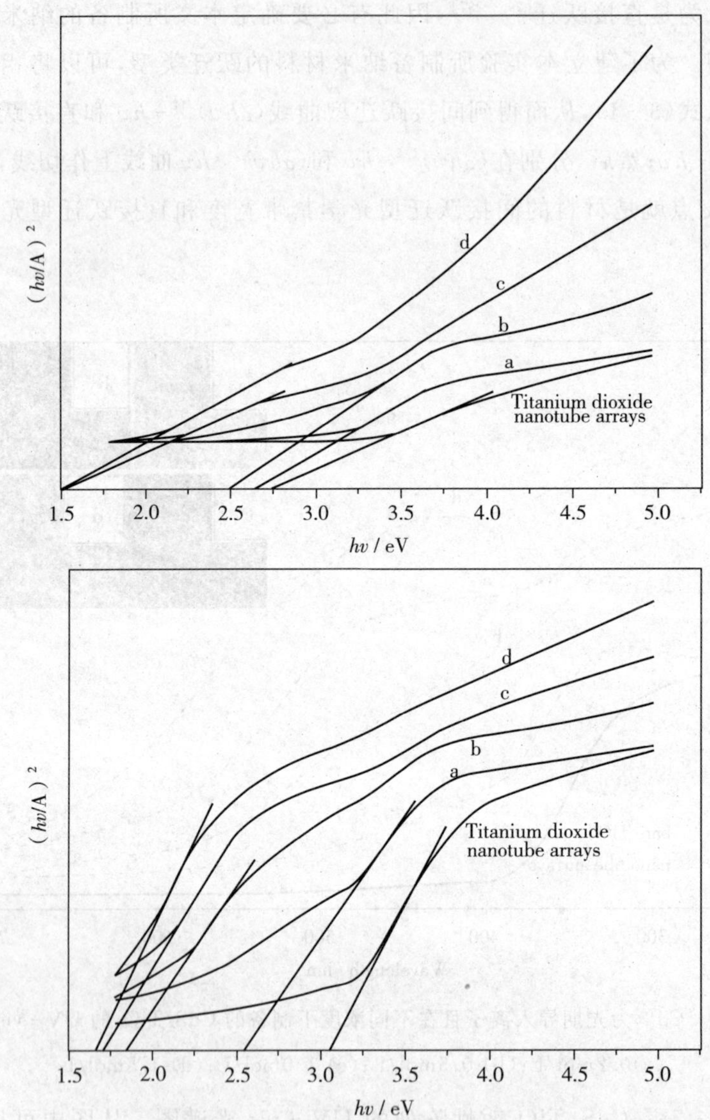

图 3-8　Cd^{2+} 为先期导入离子且在不同浓度下制备的 CdS/TiO_2 的 $(\alpha hv)^n-hv$ 曲线

(a)0.2mol/L；(b) 0.5mol/L；(c) 1.0mol/L；(d) 1.5mol/L

图 3-8(a)、(b)分别是改性前后纳米管阵列的直接跃迁类型曲线 $(\alpha hv)^{1/2}-hv$ 和间接跃迁曲线 $(\alpha hv)^2-hv$。从图 3-8(a)可见，未沉积 CdS 的

TiO_2 纳米管阵列的光学禁带宽度约为 2.75eV；对于图 3-8(b)来说，未沉积 CdS 的 TiO_2 纳米管阵列的光学禁带宽度约为～3.1eV。显然，若 TiO_2 纳米管阵列是以直接跃迁方式进行的，那么其禁带宽度值 2.75eV 远远偏离了文献报道的～3.2eV。因此，所合成的纳米材料中的载流子以间接跃迁方式进行将更加合理、可信[155]。由此可见，未沉积 CdS 的 TiO_2 纳米管阵列的光学禁带宽度约为 3.1eV——这一结果与文献[248,298]是一致的。当以 0.2mol/L 的 Cd^{2+} 进行沉积后，其光学禁带宽度下降至～2.6eV；以 0.5 mol/L的 Cd^{2+} 沉积后，其光学禁带宽度下降至～1.9eV；以 1.0mol/L 的 Cd^{2+} 沉积后，其光学禁带宽度下降至～1.7eV；若以 1.5mol/L 的 Cd^{2+} 进行沉积时，其光学禁带宽度下降至～1.65eV。

当 CdS/TiO_2 体系形成后，多方面的因素将导致 CdS/TiO_2 体系的性能得到优化。首先，研究表明，由于 CdS 的导带比 TiO_2 的导带更负（见图 3-1），光生电子非常容易从 CdS 的导带进入 TiO_2 的导带[299～301]；其次，当 CdS/TiO_2 异质结形成后，电子从 CdS 传递到 TiO_2 的效率更高，而且 CdS/TiO_2 异质结结合越紧密，其电荷传输性能就越好[268,300,301]；再次，CdS/TiO_2 体系的形成可以使光生载流子在两个不同性质的组分里稳定存在，从而降低了光生载流子的复合。此外，由于 CdS 的能带隙较低、电荷传输性能好[272]以及 TiO_2 纳米管阵列的高度有序性，都有利于光生电子-空穴对的产生、分离。最后，光吸收强度是与 CdS 的量相关的，当 CdS/的沉积量增加时，其光吸收强度也上升[248,299]。因此，由于上述几方面共同作用的结果，CdS/TiO_2 纳米管阵列体系的光学禁带宽度显著降低、光谱响应范围明显红移。

由于强的电子-光子相互作用，拉曼散射可以用于分析半导体材料的电子结构[302～304]——当某一半导体材料在能量为其禁带宽度(E_g)的光源激发时，将发生拉曼共振现象。图 3-9 为所制备的 CdS 改性 TiO_2 纳米管阵列在激发光源为 514.5nm（即能量为 2.41eV）的拉曼光谱图。由图可见，$304cm^{-1}$ 及 $600cm^{-1}$ 处的散射峰分别对应于 CdS 第一和第二横向光声子模；$397cm^{-1}$、$520cm^{-1}$ 及 $640cm^{-1}$ 处的散射峰分别对应于锐钛矿型 TiO_2 的相关光声子模[304]。当 CdS/TiO_2 异质结形成之后，体系显示出二者结合的特征，并且随着 CdS 沉积量的增加，CdS 的散射行为增强，而 TiO_2 的散射行为逐渐减弱——这一结果与文献[304]是相一致的。

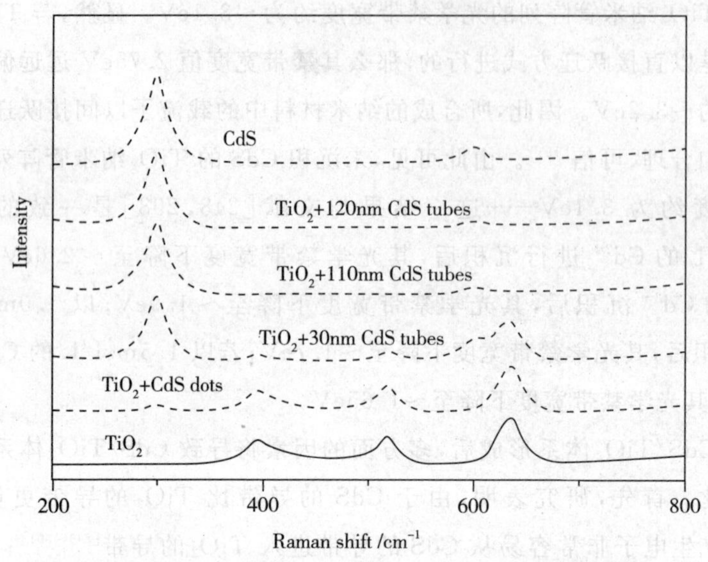

图 3-9 CdS 及 TiO_2 纳米管阵列及改性前后的拉曼光谱

3.3.1.6 CdS 形貌对改性纳米阵列的光电性能的影响

图 3-10 为沉积了不同质量 CdS 后的 CdS/TiO_2体系的光电流曲线(其相应 SEM 图见图 3-3)。图 3-11 为 CdS/TiO_2体系的最大光电流与UV-vis光谱中 500nm 处的光吸收强度的关系。由图 3-10 可见,TiO_2 纳米管阵列的开路电压约为-0.9V(vs. Ag/AgCl),最大电流仅为0.2mA/cm^2;当纳米管壁上附着 CdS 纳米颗粒后,开路电压达到-1.34V(vs. Ag/AgCl),最大电流达6.1mA/cm^2;当管内壁附着厚度为 30nm 的 CdS 后,开路电压达到-1.37V,最大光电流为~9.8mA/cm^2;随着 CdS 的量的增加,其开路电压变化很细微,但当纳米管内沉积 110nm 的 CdS 时,其最大光电流达到~10.2mA/cm^2,而当纳米管完全被 CdS 充满时,其最大电流反而下降。

当半导体材料被能量比其吸收限高的光照射时,半导体材料内就会产电子-空穴对。其中,光生电子由 CdS 传递并集中至 TiO_2上,而空穴则将集中到 CdS 层。因此,光电流将由光生载流子的数量、载流子的分离效果及传输速率等因素共同决定。从 UV-vis 光谱曲线可知,随着 CdS 沉积量的增加,其光吸收强度显著增强、光谱响应范围红移,因而光生载流子数量增加——这就是随着 CdS 沉积量的增加，其光电流相应增大的原因。然而，尽管 CdS/TiO_2 异质结有利于电子-空穴对的有效分离，但光电流也有赖于载

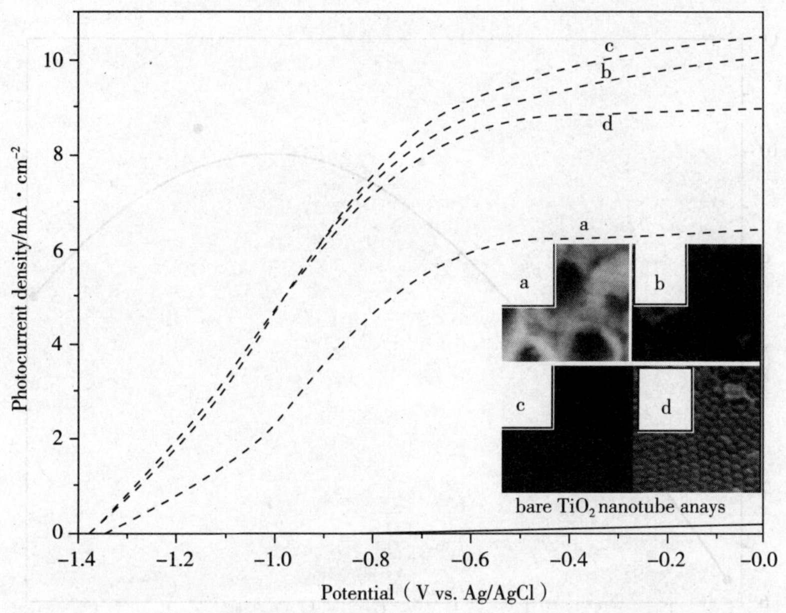

图 3-10 Cd^{2+} 为先期导入离子、不同浓度下 CdS/TiO_2 体系的光电流曲线

(a)0.2mol/L;(b)0.5mol/L;(c)1.0mol/L;(d)1.5mol/L

流子的传输：当液体介质与荷电半导体材料的接触界面足够大时，光生载流子能够被有效地导出，从而降低了光生电子-空穴对的复合；但是当液体介质与荷电半导体材料的接触界面降低时，光生电子-空穴对将不能被及时、有效地导出而增加了复合的机会，从而导致光电流下降。基于以上分析，可以推断：当 TiO_2 内壁附着 CdS 纳米颗粒时，液体介质/荷电半导体材料的界面足以供光生载流子的导出，因此可见其较未修饰 CdS 的 TiO_2 纳米管阵列具有极其显著的光电流；当 TiO_2 纳米管内壁附着一层 CdS 时，由于沉积的 CdS 的量更多，光吸收增强，产生的载流子数量比前者更大，但是液体介质/荷电半导体的接触面较前者会有下降，所以其光电流较前者显著增加，但增幅明显变小；当 TiO_2 纳米管内填充了 CdS 纳米线后，虽然能够产生更多的载流子，但是液体介质/荷电半导体的接触面却显著减小，载流子的复合几率大大增加，因此其光电流仅仅稍有增大；若纳米管内被 CdS 纳米线完全填

充时，液体介质/荷电半导体的接触面下降到最小值，所以其光电流反而下降。可见，CdS/TiO_2体系的光电流是由 CdS 的量和光生载流子的有效导出面积共同决定的。

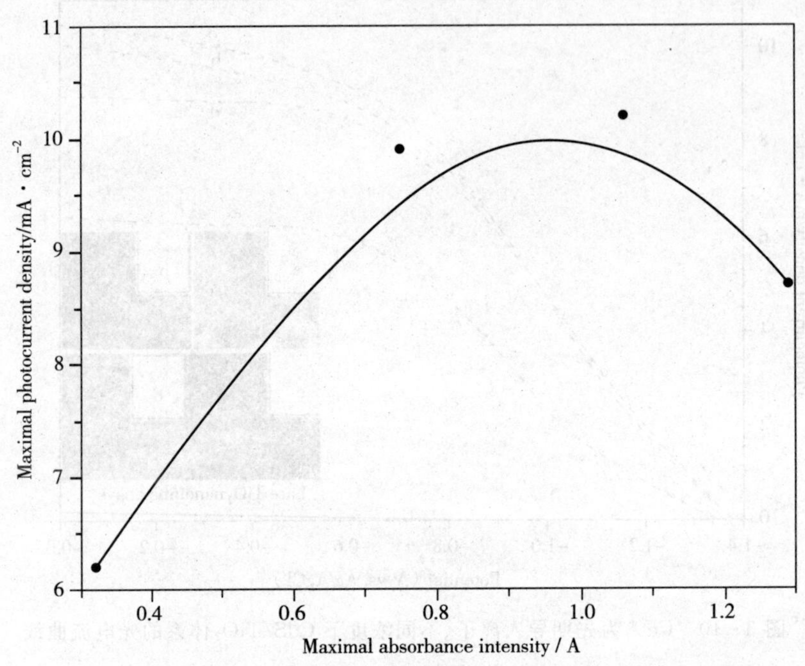

图 3-11　CdS/TiO_2改性体系的最大光电流与 λ=500nm 处的光吸收强度的关系

研究表明，如 CdS、CdSe 等大部分半导体材料在使用过程中由于参与光电反应而具有光腐蚀、光致性能衰退等特点。为研究改性后 TiO_2 纳米管阵列的化学稳定性，本文以改性 TiO_2 纳米管阵列的光电流随时间的变化情况来表征其稳定性能。图 3-12 为沉积了不同质量 CdS 后的 TiO_2 纳米管阵列经历不同储存时间后的光电流曲线图(其相应 SEM 图见图 3-3)。由图可见，对于管壁上附着了 CdS 纳米颗粒的 TiO_2 纳米管阵列而言，其初始最大光电流为～6.1mA/cm^2，随着保存时间的增加其最大光电流逐渐下降，当保存时间为 60 天时，其最大光电流下降为～5.9mA/cm^2；对于管内壁附着了 30nm 的 CdS 的 TiO_2 纳米管阵列而言，其初始最大光电流为～9.9mA/cm^2，随着保存时间的增加其最大光电流变化非常小，即使保存 60 天后其光电流仍高达 9.87mA/cm^2；对于纳米管内沉积了 110nm 的 CdS 的复合体系而言，其初始最大电流达到～10.2mA/cm²，当保存时间增加时，其最大光电流随之下降，60 天后其最大光电流下降为 9.9mA/cm²；而对于纳米管完全被 CdS 充满的复合体系而言，其初始最大电流为～8.8mA/cm²，虽然随着保存时间的增加其最大光电流也稍微下降，但是下降非常小。由此可见，当纳米管内壁附着一层 CdS 时——即沉积的 CdS 与 TiO_2 纳米管形成了同轴管状结构时，其光电性能更加稳定。

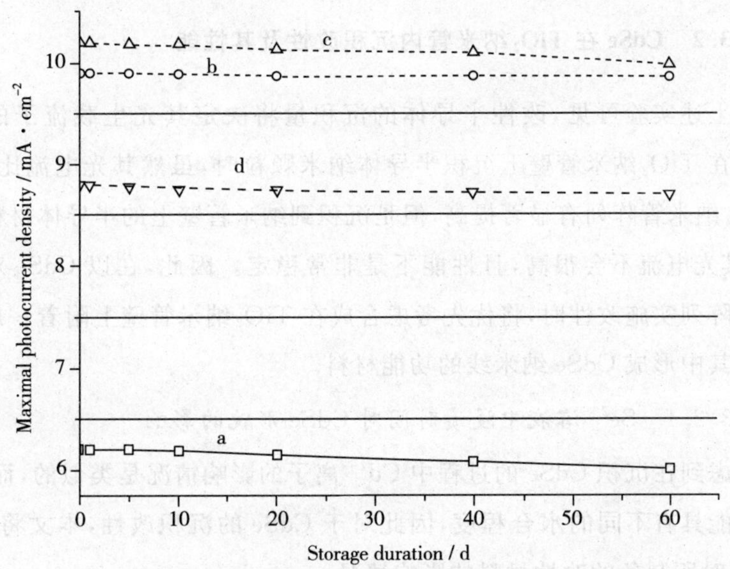

图 3-12 Cd^{2+} 为先期导入离子、不同浓度下 CdS/TiO_2 体系的最大光电流随储存时间的变化

(a)0.2mol/L；(b)0.5mol/L；(c)1.0mol/L；(d)1.5mol/L

纳米材料的形貌对其性能有着极大的影响。对于如 CdS 等具有光腐蚀的半导体材料而言，当其形貌有利于光生载流子的及时导出与分离时，其稳定性将大大提高[269,270]。当改性材料与 TiO_2 纳米管壁结合紧密时，在窄带半导体上产生的电子将更容易传递到 TiO_2 层上，从而避免了光生电子-空穴对的复合。此外，当改性材料在纳米管壁上均匀分布时，二者间的界面就可以达到最大化，接触界面的最大化更有利于光生载流子的分离[268]。基于以上分析并结合图 3-3 可知，当 TiO_2 纳米管壁上附着 CdS 纳米颗粒时，纳米颗粒与管壁形成的接触面相对于纳米颗粒而言是比较小的，因此其稳定性会随着储存时间而发生较大的变化；当管壁上附着一层 CdS 后，此时 CdS 与 TiO_2 的接触面达

到最大，且接触更加紧密，因而其稳定性能大大提高；当 TiO_2 纳米管内形成 110nm 的 CdS 纳米线时，由于纳米线的边缘并未与 TiO_2 有效接触，因而所形成的纳米复合体系的稳定性下降明显：当保存时间达 60 天时，其最大光电流下降到～9.9mA/cm^2；当 TiO_2 纳米管被 CdS 纳米线完全填充时，虽然此时光电流较小，但是 CdS 能够与 TiO_2 形成紧密的接触，因而其光电流变化较 CdS 纳米线未接触 TiO_2 纳米管壁时要小。

3.3.2 CdSe 在 TiO_2 纳米管内沉积改性及其性能

由上述实验可见，改性半导体的沉积量将决定其光生载流子的数量。当仅仅在 TiO_2 纳米管壁上沉积半导体纳米颗粒时，虽然其光电流比未改性的 TiO_2 纳米管阵列有显著提高，但是沉积到纳米管壁上的半导体材料很少，所以，其光电流不会很高，且性能不是非常稳定。因此，在以 CdSe 对 TiO_2 纳米管阵列实施改性时，将优先考虑合成在 TiO_2 纳米管壁上附着一层 CdSe 或者在其中形成 CdSe 纳米线的功能材料。

3.3.2.1 Se^{2-} 溶液中浸渍时间对 CdSe 形貌的影响

考虑到在沉积 CdSe 的过程中 Cd^{2+} 离子的影响情况是类似的，而 S^{2-} 与 Se^{2-} 可能具有不同的水合程度，因此对于 CdSe 的沉积改性，本文将主要考察 Se^{2-} 对所制备的改性材料的影响情况。

图 3－13 为将纳米管阵列在 1.0mol/L 的 Cd^{2+} 溶液中浸渍 12h 后取出清洗并转移至 1.2mol/L 的 Se^{2-} 溶液中反应不同时间后获得的改性纳米管阵列的扫描电镜照片。从图中可见，当将导入了 Cd^{2+} 的纳米管阵列在 1.2mol/L 的 Se^{2-} 中浸渍不同时间时，所得到的改性纳米管阵列形状有很大的不同。当在 Se^{2-} 中浸渍 6h 时，改性纳米管阵列的平均内径减小到～50nm，即在 TiO_2 纳米管壁上沉积了一层厚度约为 35nm 的 CdSe（见图 3－13(b)）；当在 Se^{2-} 中浸渍时间为 10h 时，在 TiO_2 纳米管内沉积了直径为～90nm的 CdSe 纳米线，虽然部分纳米管口被完全堵塞，但是此时所形成的大部分纳米线似乎并未与纳米管壁接触（图 3－13(c)）；而当在 Se^{2-} 中浸渍时间为 12h 时，TiO_2 纳米管内部也被 CdSe 纳米线所填充且大部分纳米管口被 CdSe 完全堵塞，统计未堵塞的纳米管时，所得到的 CdSe 纳米线直径与

前一实验所获得的 CdSe 纳米线并无显著区别(见图 3－13(d))。

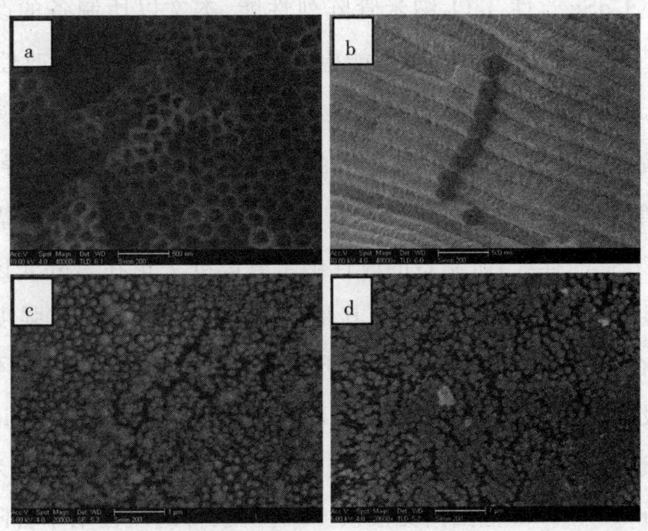

图 3－13　以 1.0mol/L 的 Cd^{2+} 为先期导入离子、在 1.2mol/L 的 Se^{2-} 中浸渍不同时间获得的改性阵列

(a) TiO_2 纳米管；(b)6h；(c)10h；(d)14h

基于 CdS 纳米材料在 TiO_2 纳米管内的沉积分析知道，当将纳米管阵列在 1.0mol/L 的 Cd^{2+} 溶液中浸渍 12h 后，纳米管内外 Cd^{2+} 离子扩散已达到平衡。同样，将已导入 Cd^{2+} 的纳米管阵列在 1.2mol/L 的 Se^{2-} 中浸渍不同时间时，由于 Se^{2-} 的扩散速率的限制，Se^{2-} 需要经历一定时间才能从纳米管外扩散至管内。虽然 Cd^{2+} 离子的浓度已经达到平衡，但是此时扩散进入 TiO_2 纳米管内部的 Se^{2-} 离子的浓度决定着 CdSe 纳米材料在纳米管内的形成：当纳米管内外 Se^{2-} 的扩散平衡未达到时，纳米管内的成核离子浓度较低，由于纳米管壁的晶格缺陷诱导异相成核作用及成核界面能共同作用的结果，CdSe 将倾向于附着在纳米管壁上，从而形成了一层一定厚度的 CdSe 纳米同轴管状结构；当纳米管内外浓度达到扩散平衡后，纳米管内的成核离子浓度将达到最大值，此时由于 CdSe 晶核的大量形成，晶核间的引力将远远大于斥力，因此晶核将趋于长大、团聚并在重力作用下发生聚沉，因此所形成的 CdSe 将以纳米线的方式形成于纳米管中。可见，CdSe 在 TiO_2 纳米管内的形成机制和 CdS 是一致的。

3.3.2.2 CdSe 改性纳米管阵列的光学性能

为探究 CdSe 改性 TiO_2 纳米管阵列性能，本文以所制备的改性纳米管阵列进行了相关的光学、电学等性能检测。图 3－14 为 CdSe 改性 TiO_2 纳米管阵列的 UV－vis 光谱图。由图可见，未改性的 TiO_2 纳米管阵列仅仅在紫外光区有较强的光吸收，在可见光区的吸收非常微弱；当将已导入 Cd^{2+} 的 TiO_2 纳米管阵列在 1.2mol/L 的 Se^{2-} 溶液中浸渍 6h 时，由于禁带宽度为 1.7eV 的 CdSe 的存在，所制备的改性纳米管阵列无论在紫外光区还是在可见光区都显示出强烈的光吸收，尤其是在可见光区的光吸收强度增大更加显著，而且在 400nm～550nm 区间的光吸收最为显著，此时已经不亚于紫外光区的光吸收。当将已导入 Cd^{2+} 的 TiO_2 纳米管阵列在 1.2mol/L 的 Se^{2-} 溶液中浸渍 10h 时，因为 CdSe 的量进一步增加，所制备的改性纳米管阵列在波长为 250nm～600nm 范围内比浸渍 6h 时所获得的改性纳米管阵列的光吸收强度稍有提升，且在可见光区的提升比在紫外光区的提升更加明显。若将已导入 Cd^{2+} 的 TiO_2 纳米管阵列在 1.2mol/L 的 Se^{2-} 溶液中浸渍 14h 时，由于所沉积的 CdSe 的量进一步增加，所得到的改性纳米管阵列在紫外光区到可见光区范围内的光吸收进一步提高，但此时改性体系的紫外—可见光谱曲线与浸渍 10h 时所制备的改性阵列的光谱吸收曲线变化已经不是特别明显。

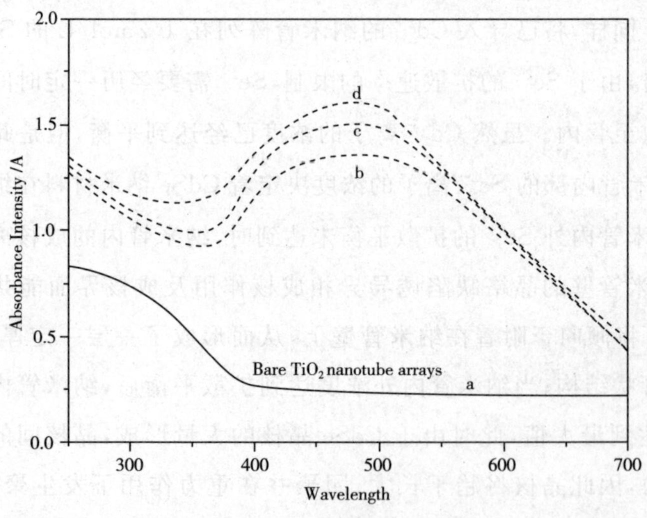

图 3－14 CdSe 改性的 TiO_2 纳米管阵列的 UV－vis 光谱图

(a)改性前；(b)浸渍 6h；(c)10h；(d)14h

以上结果表明，以 CdSe 对 TiO_2 纳米管阵列实施改性，不仅可以显著提高其光吸收性能，还可以有效地拓展其光吸收限。改性体系在紫外光区和可见光区的光吸收强度随着 CdSe 的沉积量的增加而增强，而且在可见光区增强更加明显。

图 3-15 是根据其 UV-vis 光谱曲线所获得的 $(ahv)^n-hv$ 曲线，其中

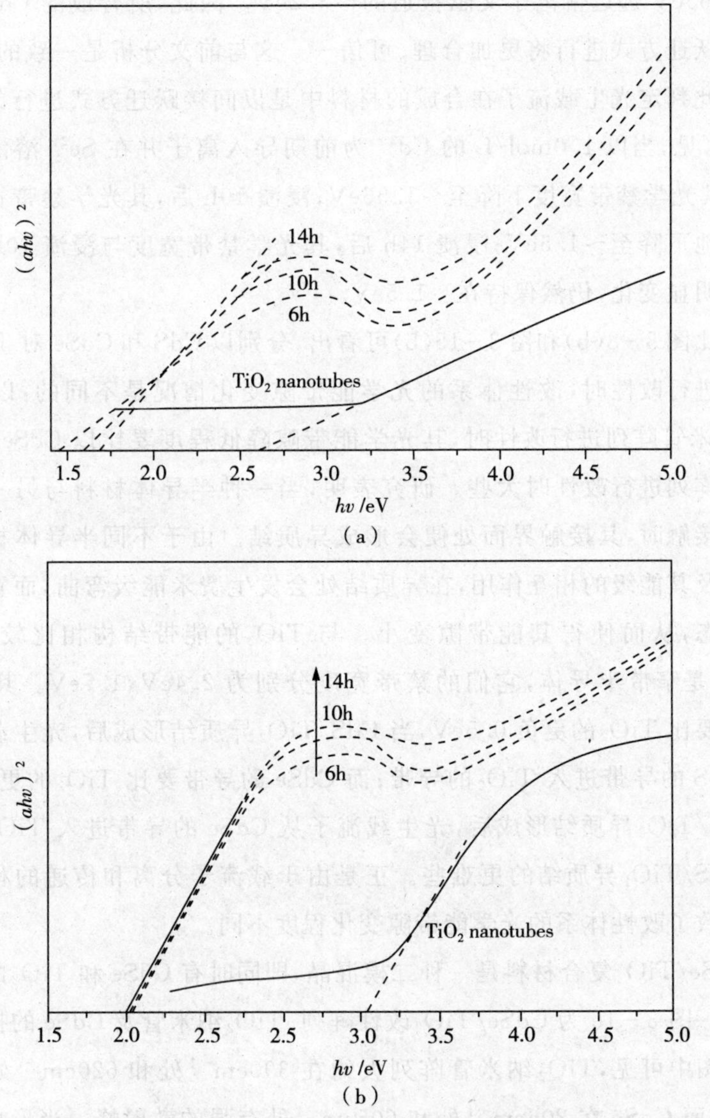

图 3-15 Cd^{2+} 为先期导入离子、不同 Se^{2-} 浸渍时间下改性阵列的 $(\alpha hv)^n-hv$ 曲线

图 3－15(a)、(b)分别为改性前后纳米管阵列的间接跃迁型曲线$(\alpha h\upsilon)^{1/2}-h\upsilon$和直接跃迁型曲线$(\alpha h\upsilon)^{2}-h\upsilon$。从图 3－15(a)可以看出，未沉积 CdSe 的TiO_2纳米管阵列的光学禁带宽度约为 2.65eV；对于图 3－15(b)来说，未沉积 CdS 的TiO_2纳米管阵列的光学禁带宽度约为～3.1eV。显然，如果TiO_2纳米管阵列中的光生载流子是以直接跃迁方式进行的，那么其光学禁带宽度值 2.65eV 远远偏离了文献报道的～3.2eV。因此，所合成的 $CdSe/TiO_2$以间接跃迁方式进行将更加合理、可信——这与前文分析是一致的。所以，本文据此判定光生载流子在合成的材料中是以间接跃迁方式进行的。由图 3－15 可见，当以 1.0mol/L 的 Cd^{2+} 为前期导入离子并在 Se^{2-} 溶液中浸渍 6h 后，其光学禁带宽度下降至～1.56eV；浸渍 10h 后，其光学禁带宽度较前者轻微地下降至～1.5eV；浸渍 14h 后，其光学禁带宽度与浸渍 10h 时相比已经无明显变化，仍然保持在～1.5eV。

对比图 3－8(b)和图 3－15(b)可看出，分别以 CdS 和 CdSe 对TiO_2纳米管阵列进行改性时，改性体系的光学能带隙变化情况是不同的：以 CdS 对TiO_2纳米管阵列进行改性时，其光学能带隙降低程度要比以 CdSe 对TiO_2纳米管阵列进行改性时大些。研究表明，当一种半导体材料与另一种半导体材料接触时，其接触界面处便会形成异质结。由于不同半导体材料性能的差异及其能级的相互作用，在异质结处会发生费米能级弯曲，而重新建立平衡状态，从而使得其能带隙变小。与TiO_2的能带结构相比较，CdS 与 CdSe 都是窄带半导体，它们的禁带宽度分别为 2.4eV、1.7eV。其中，CdS 的导带要比TiO_2的更负 0.5eV，当 CdS/TiO_2异质结形成后，光生载流子易于由 CdS 的导带进入TiO_2的导带；而 CdSe 的导带要比TiO_2的更正一些，当 $CdSe/TiO_2$异质结形成后，光生载流子从 CdSe 的导带进入TiO_2的导带要比 CdS/TiO_2异质结的更难些。正是由于载流子分离和传递的相对难易程度导致了改性体系的光学能带隙变化程度不同。

$CdSe/TiO_2$复合材料是一种二模混晶，即同时有 CdSe 和TiO_2的两套振动模式。图 3－16 为 $CdSe/TiO_2$改性阵列、TiO_2纳米管及 CdSe 的拉曼光谱图。从图中可见，TiO_2纳米管阵列大约在 390cm^{-1}处和 620cm^{-1}处有强的散射峰，而 CdSe 在 206cm^{-1}处和 605cm^{-1}处有强的散射峰。当形成 $CdSe/TiO_2$改性体系后，随着 CdSe 的量的增加，CdSe 的散射峰逐渐增强而TiO_2

的散射峰逐渐减弱。拉曼散射最强峰位为～207cm^{-1}处，这是CdSe纵光学模散射产生的。由于声子限域效应，与CdSe体系的相应声子频率(210cm^{-1})相比，向低频方向移动了4cm^{-1}。而大约408cm^{-1}处的散射峰对应于CdSe的二次横向光声子摸[305]。

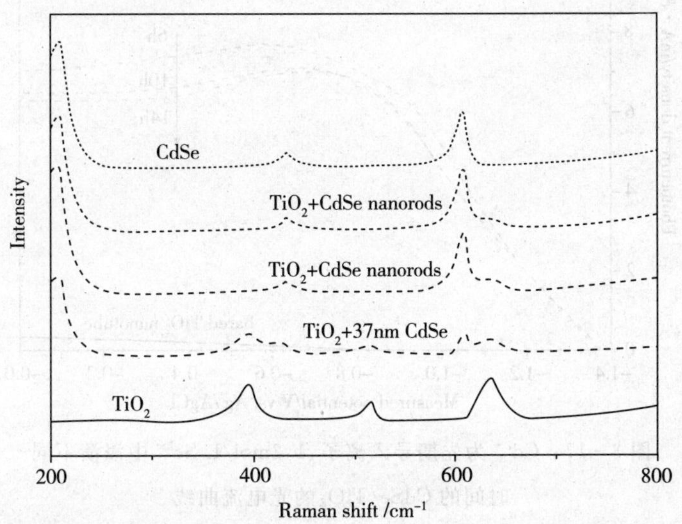

图3-16 CdSe及TiO_2纳米管阵列及改性前后的拉曼光谱

3.3.2.3 CdSe改性纳米阵列的光电性能

图3-17为沉积不同质量CdSe的CdSe/TiO_2纳米管阵列体系的光电流曲线(相应SEM图见图3-13)。由图可见，未改性TiO_2纳米管阵列的开路电压约为－0.9V(vs. Ag/AgCl)，最大电流约为0.3mA/cm^2；当TiO_2纳米管壁上附着了～37nm的CdSe后，其开路电压达到－1.37V(vs. Ag/AgCl)，最大电流达到7.8mA/cm^2；当TiO_2纳米管内沉积了直径为～90nm的CdSe纳米线后，其开路电压与在纳米管壁上沉积37nm的CdSe时几乎没有区别，但是其最大光电流仅为～6.9mA/cm^2；若进一步延长在Se^{2-}溶液中的反应时间时，改性阵列的开路电压变化很小，而其最大光电流则仍然稍微下降。图3-18为沉积了不同质量的CdSe的CdSe/TiO_2体系最大光电流与最大光吸收强度之间的关系。可见，当TiO_2纳米管壁上沉积了37nm的CdSe后，CdSe/TiO_2改性体系的光吸收强度为～1.37，此时改性体系具有最大的光电流密度7.9mA/cm^2；当TiO_2纳米管内沉积了90nm的CdSe纳米线后，其光吸收强度达到1.5，但其光电流

却下降至 7.0；随着在 Se^{2-} 溶液中反应时间的进一步延长，尽管改性体系的光吸收也增强，但其最大光电流则进一步下降。

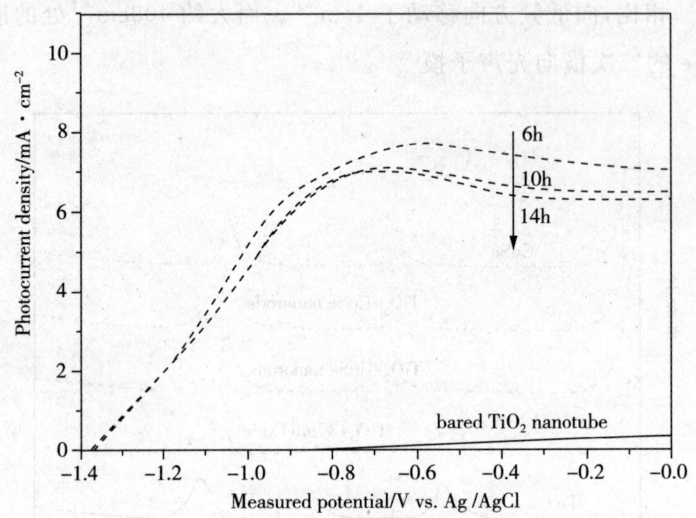

图 3-17　Cd^{2+} 为先期导入离子、1.2mol/L Se^{2-} 中浸渍不同时间的 CdSe/TiO_2 的光电流曲线

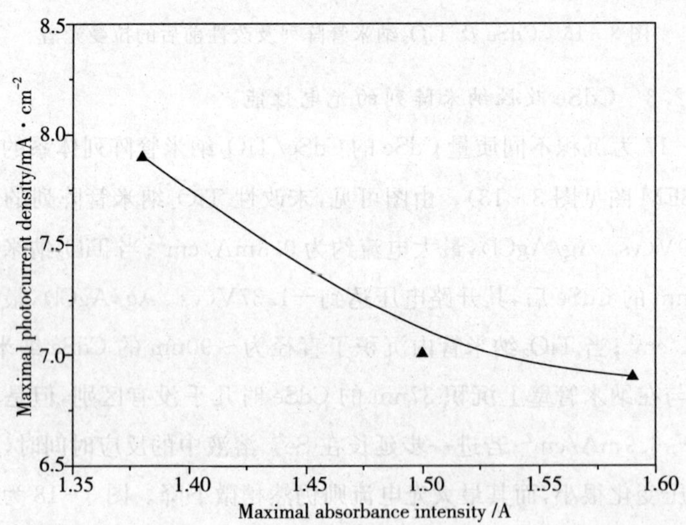

图 3-18　CdSe/TiO_2 体系的最大光电流与最大光吸收强度的关系

CdSe/TiO_2 体系被能量比其吸收限高的光照射时，产生的电子和空穴将分别被分离至性质不同的 TiO_2 和 CdSe 中，体系的光电流将由光生载流子的数

量、载流子的分离效果及传输速率等因素决定。从 $CdSe/TiO_2$ 体系的UV－vis 光谱曲线可知，当 TiO_2 纳米管内沉积 CdSe 时，其光吸收强度比未沉积 CdSe 时显著增强、光吸收限红移：当纳米管内壁沉积 37nm 的 CdSe 时，其光吸收强度达到 1.38；随着 CdSe 的沉积量的增加，其光吸收也随之增强且最大吸收峰稍微红移。由于光吸收强度和光生载流子的数量正比于 CdSe 的量，因此随着 CdSe 沉积量的增加，$CdSe/TiO_2$ 体系的光吸收强度增大、光生载流子数量增加。然而，尽管 $CdSe/TiO_2$ 体系所形成的异质结有利于电子-空穴对有效分离，但是 $CdSe/TiO_2$ 体系光电流的产生也与光生载流子的传输息息相关。当液体介质与荷正电的 CdSe 层接触界面足够大时，光生载流子能够被及时、有效地导出，从而降低了光生电子-空穴对的复合；当介质与荷正电的 CdSe 接触界面降低时，CdSe 上的光生载流子将不能被及时、有效地导出，从而增加了电子-空穴对的复合几率，导致光电流显著下降[266]。

基于以上分析可以推测：当沉积的 CdSe 层附着在 TiO_2 纳米管壁上并与 TiO_2 纳米管形成同轴纳米管状结构时，不仅 CdSe 层与 TiO_2 结合紧密、接触面积大，液体介质/CdSe 的界面也可以有效地供光生载流子的导出，因此具有大的光电流；当 TiO_2 纳米管内填充了 CdSe 纳米线时，虽然其光吸收强度增强——即光生载流子数量增多，但是由于 CdSe 层与 TiO_2 结合不够紧密、接触面积小、介质/CdSe 界面显著降低，因而电荷不能被及时、有效地导出，故其光电流反而下降。

将图 3－10 与图 3－17 进行对比时可以知道，当分别以 CdS 和 CdSe 对 TiO_2 纳米管阵列进行沉积改性时，虽然二者的开路电压相差不大，但是其光电流却有很大差别——CdS/TiO_2 体系的光电流显然比 $CdSe/TiO_2$ 体系的要大些。这一差别可以从以下几方面理解。CdS 的导带比 TiO_2 的稍高些，当 CdS/TiO_2 异质结形成后，其费米能级结构将发生弯曲而重新实现平衡，CdS 中的受激发电子易于从 CdS 的导带进入 TiO_2 的导带。对于 CdSe 而言，虽然其禁带宽度比 CdS 的要小且 $CdSe/TiO_2$ 异质结形成后其费米能级也将建立新的平衡，但是由于 CdSe 的导带底较 TiO_2 的稍低[43]（见图 3－1），CdSe 中产生的激发电子需越过一定的能垒后才能进入 TiO_2 的导带。所以 $CdSe/TiO_2$ 体系的电荷传递要比 CdS/TiO_2 体系更难些，因而光生载流子的复合几率要比 CdS/TiO_2 体系高，从而导致 $CdSe/TiO_2$ 体系的光电性能比

CdS/TiO_2体系的要差[302,303,306,307]。

图 3-19 为将上述 CdSe/TiO_2体系储存不同时间后所测得的最大光电流与储存时间之间的关系曲线。从图中可以看到，随着储存时间的延长，各改性体系的最大光电流均会稍有下降——其中 TiO_2 纳米管壁上附着~37nmCdSe 时，其光电流的衰减程度比另外两者更缓慢、性能更稳定。

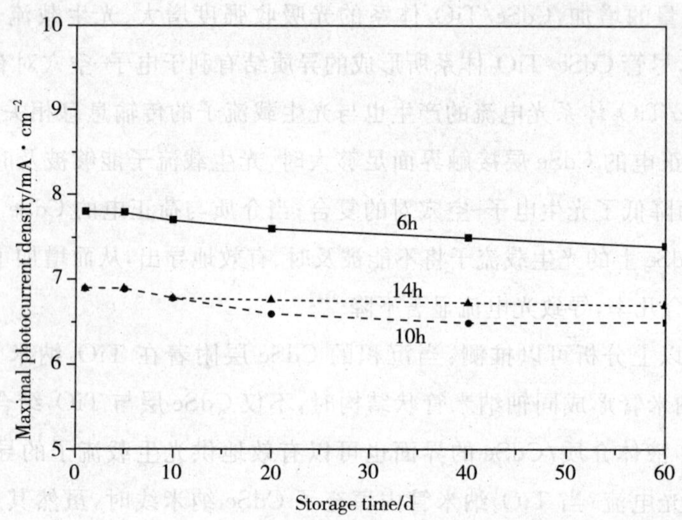

图 3-19　Cd^{2+} 为先期导入离子、不同 Se^{2-} 浸渍时间下改性 TiO_2阵列的光电流随储存时间的变化

研究表明，CdSe 在使用过程中由于参与光电反应而具有光腐蚀、光致性能衰退等特点。对于具有光腐蚀的半导体材料而言，材料的形貌对其性能的稳定性有着极大的影响—— 当材料的形貌有利于光生载流子及时、有效地分离与导出时，其稳定性将大大提高[269,270]。在本实验中，当 CdSe 层附着在 TiO_2 纳米管壁上形成同轴纳米管状结构时，由于 CdSe 层与 TiO_2 纳米管壁结合充分、接触紧密、接触面积大——接触界面的最大化更有利于光生载流子的分离[268]，所以 CdSe 上产生的载流子可以有效地传递到 TiO_2层上，从而降低了光生电子-空穴对的复合几率，因而其稳定性高；当在 TiO_2 纳米管内形成 CdSe 纳米线时，由于 CdSe 纳米线与 TiO_2纳米管壁上的结合不够充分、接触不紧密、接触面积小，所以 CdSe 上产生的载流子相对前者而言难以有效地传递到 TiO_2层上，从而增加了光生电子-空穴对的复合几率，因而其稳定性比前者要差；当 TiO_2纳米管被 CdSe 纳米线充满时，CdSe 与 TiO_2纳米管的接触更加紧密、接触

面积比未充满时要大，因而其稳定性比未充满时要好。

将图 3－12 和图 3－19 进行比较可以发现，无论是以 CdS 还是以 CdSe 对 TiO_2 纳米管阵列进行改性，当改性材料附着在纳米管壁上并与 TiO_2 纳米管形成同轴纳米管时，不仅其光电流较其他结构的更大，其稳定性也更好。

3.4　本章小结

以化学沉积的方式将 CdS、CdSe 纳米材料沉积在 TiO_2 纳米管内的过程中，纳米管内的成核离子浓度不同，则沉积过程的成核机理不同。当成核离子浓度较小时，纳米管壁上的晶格缺陷、晶阶等诱导异相成核反应发生，晶核通过吸附在纳米管壁上来降低成核界面能，改性材料的生长方向指向纳米管中央；当成核离子浓度大时，大量形成的晶核由于有效碰撞的几率增多，晶核间极易团聚并沉降在纳米管底部，改性材料的生长方向指向纳米管壁和管口。通过对 CdS、CdSe 纳米材料在 TiO_2 纳米管内的沉积机制的把握，为在 TiO_2 纳米管内进行精细构筑、定位纳米复合功能材料奠定了基础。

随着 CdS、CdSe 纳米材料在 TiO_2 纳米管内沉积量的增加，其光吸收显著增强，光学能带隙下降，吸收边红移。然而，就改性体系的光电性能而言，其最大光电流随着 CdS、CdSe 的沉积量的增加先增大，而后下降——即对于 CdS/TiO_2 纳米管阵列而言，光电流的大小由光生载流子的数量和载流子的分离与导出效率共同决定：如果改性材料与液体介质的接触面有利于光生载流子的有效导出时，光电流将随着光生载流子的增加而增加；但是如果改性材料与液体介质的接触面不利于光生载流子的导出时，即使光生载流子增加，其光电流也将下降。

当 CdS 层及 CdSe 层附着在管壁上并与 TiO_2 纳米管形成同轴纳米管结构时，由于沉积材料与 TiO_2 纳米管接触紧密、接触面积最大，改性阵列的光电学性能稳定性更好，当放置 60d 后，其最大光电流仅有轻微的下降。

此外，改性体系的拉曼光谱显示出 CdX(X＝S，Se)与 TiO_2 结合的特点，随着沉积材料的沉积量的增加，TiO_2 的拉曼散射减弱而 CdX(X＝S，Se)的拉曼散射相应增强。

第4章 CdS－CdSe在TiO$_2$纳米管内可控共沉积及物性

通过调节Cd^{2+}的浓度，先后实现了CdS和CdSe纳米材料在TiO$_2$纳米管内的可控沉积，从而获得了各组分厚度渐变的CdSe－CdS－TiO$_2$体系；在纳米维度空间内实施沉积时，离子从管外迁移至管内的过程可能成了沉积的控制步骤。CdSe/CdS/ TiO$_2$体系在紫外到可见光区的吸收强度随沉积量的增加而增强，光学能带隙也随沉积量的增加而稍微下降。其光电性能与CdSe层及CdS层的量、纳米管阵列的内径相关。

4.1 引 言

对于TiO$_2$复合功能材料而言，改性材料的特性及改性材料与TiO$_2$接触的紧密程度不仅决定着TiO$_2$复合功能材料的性能，也决定着改性材料本身的化学稳定性——这一点对具有光腐蚀特点的材料显得尤为重要。CdS和CdSe具有窄的能带隙和大的电荷传输速率，当以CdS或者CdSe对TiO$_2$纳米管阵列进行改性时，由于能带低的半导体材料的引入和异质结的形成，使得二者的费米能级将在接触界面处发生弯曲，此时CdS或者CdSe中的光生载流子就易于注入TiO$_2$纳米管内部。因此，经过CdS或者CdSe改性的TiO$_2$纳米管阵列膜具有更高的光量子产率、更优异的光生电子-空穴对分离能力及光催化性能。

然而，当单独以CdS或者CdSe对TiO$_2$纳米管阵列膜实施改性时，则具有很大的局限性。当仅仅以CdS对TiO_2纳米管阵列进行改性时，虽然其光吸收强度显著增强，且光吸收范围能够被有效地拓展到可见光区，但是其光电转换效率最高也仅仅在4%左右。虽然CdSe/TiO_2异质结形成后其费米能级会发生趋向于二者能级中间值的弯曲，但是CdSe中产生的光激发电子仍然需要越过一定的能垒才可进入TiO_2纳米管阵列内，因此若单独以CdSe对TiO_2纳米管阵列进行改性时，尽管CdSe在可见光区显示出强的吸收，但由于CdSe的导带比TiO_2的要低（如图4-1），CdSe/TiO_2改性体系的光电转换效率远低于其高达44%的理论值[301]，甚至比CdS/ TiO_2改性体系的光电性能都差[306,307]。因此，目前倾向于将CdS和CdSe一起对TiO_2[306~310]、ZnO[274,311]等材料实施共改性，或者构筑CdS-CdSe核壳材料[312~315]，以充分发挥CdS和CdSe各自的性能。理论计算及实验都证明，当形成CdS/CdSe异质结后，由于其能带结构重整和相互作用，其性能可以得到极大的改善。

将CdS和CdSe对TiO_2实施共改性时，其性能可以比其中任何一个都有显著的提高，改性后的TiO_2材料在可见光区具有更好的吸收能力、更大的光电流、更好的电荷传输性能、更高的光电转换效率[306~310]。研究表明，若构筑CdSe/CdS/ TiO_2体系，由于CdSe的禁带较CdS的要小，因此由CdSe产生的载流子将传递至CdS的导带，而CdS的导带要比TiO_2的要更负0.5eV；又由于能带阶梯结构的形成，载流子将易于从CdS的导带进入TiO_2的导带（如图4-1），因而能够实现更好的电荷分离效果、达到较高的光电转换效率[306~310]；同时，由于Cd^{2+}在已经有CdS的TiO_2基体材料上的预吸附/沉积作用，不仅使得CdSe在已经沉积有CdS的TiO_2基体材料上的沉积比直接将CdSe沉积在TiO_2基体上将更加容易，而且还能够促进纳米复合材料的性能[306]。然而，如果构筑CdS/CdSe/TiO_2体系，虽然CdSe具有宽的光谱响应范围、高的量子产率，但是由于CdSe与TiO_2能带结构的特点，其光电性能反而下降[306,307]。

同时，对于TiO_2改性材料而言，由于光生载流子通常是在abosrber和conductor附近的界面产生的，大的接触界面就意味着更好的电荷产生及分离能力[306]。因此，在对TiO_2实施CdS或者CdSe改性时，沉积成分在基体上的沉积状态是非常重要的。当 CdS、CdSe 改性材料的用量一定时，沉积成分在基体上分布越均匀、与基体接触越紧密、接触面越大，其光生载流子将更易于分离，传递和导出，从而能够更好地抑制光生载流子的复合，提高材料的光电性能，改善改性材料的化学稳定性能[265~267,271,273,298,307,308]。由于电化学沉积具有电流（或者电流密度）选择性，沉积物将优先沉积在导电性能更好的部位，因此通常存在改性材料与 TiO_2 的接触面小、解除不够亲密、沉积材料粒度大等缺点，甚至沉积物常常会将纳米管口堵塞而导致其光电性能下降[263~268]。化学浴沉积方式不仅可以通过控制沉积参数实现沉积物质量的控制，还可以实现对沉积物与基体结合状态的调控，因此这种方式被认为是一种理想的方法[306~308]。

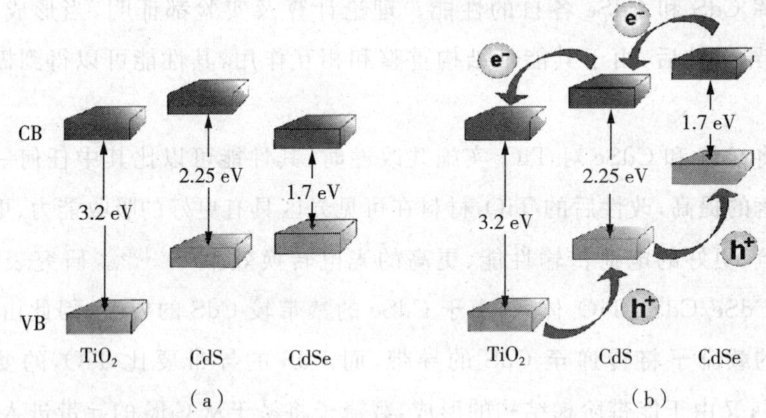

图 4-1 CdS、CdSe 及 TiO_2 的能级结构(a)及 CdS/CdSe 共敏化的 TiO_2 结构的电荷传输示意图[306]

(a)CdS、CdSe 及 TiO_2 的能级结构；(b)CdS/CdSe 共敏化后 TiO_2 的电荷传输示意图

对于将 CdS 与 CdSe 纳米材料共同敏化 TiO_2 纳米管阵列而言，目前尚无相关研究报道，更不用说对 TiO_2 纳米管内的沉积成分的可控构筑。鉴于此，本章将在 TiO_2 纳米管内构筑 CdSe/CdS/TiO_2 纳米结构复合材料，通过控制 CdS 和 CdSe 在 TiO_2 纳米管内的沉积机制及沉积量，以实现 CdS 及 CdSe 在纳米管内的可控构筑，从而得到各沉积层渐变、结构紧密、相间接触面最大化的功能材料。

4.2　$CdSe/CdS/TiO_2$纳米复合功能材料的构筑

4.2.1　合成工艺

将一定量的 Cd^{2+} 导入经前处理的 TiO_2 纳米管内后将之置于 S^{2-} 溶液中使 Cd^{2+} 充分反应，使一定量的 CdS 纳米材料附着在 TiO_2 纳米管壁上并将得到的改性材料（记作 CdS/TiO_2）进行干燥处理；然后，将 Cd^{2+} 导入所得改性材料纳米管内，并将之置于 Se^{2-} 溶液中，从而进一步在沉积有 CdS 的 TiO_2 纳米管内形成 CdSe 纳米材料（记作 $CdSe/CdS/TiO_2$）。在第一步沉积过程中，通过控制 Cd^{2+} 的质量来实现 CdS 纳米材料的沉积机制，实现其在 TiO_2 纳米管壁上的可控沉积；在第二步中，通过控制 Cd^{2+} 的浓度实现 CdSe 纳米材料在 TiO_2 纳米管内的沉积，使其形貌从紧贴 TiO_2 纳米管壁的同轴纳米管至纳米线之间变化。其工艺流程如图 4-2 所示：

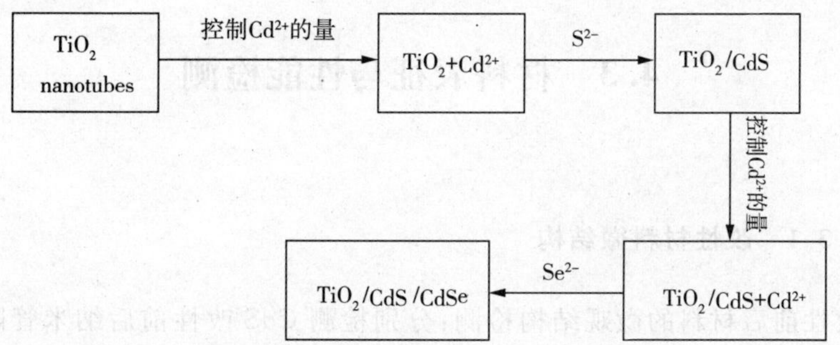

图 4-2　$CdSe/CdS/TiO_2$ 纳米结构的制备流程图

4.2.2　参数控制

由 CdS 和 CdSe 的沉积机理可知，当浓度较小时，CdS 和 CdSe 纳米材料在 TiO_2 纳米管内的成核方式是以纳米管壁上的晶格缺陷诱导异相成核的方式发生，所形成的纳米材料将附着在管壁上。为实现在 TiO_2 纳米管壁上沉积一定量的 CdS 纳米材料，实验中所用 Cd^{2+} 的浓度不能太大，本实验中沉积 CdS 时 Cd^{2+} 的浓度分别为 0.20mol/L、0.50mol/L、0.70mol/L，S^{2-} 浓度为 1.0mol/L；沉积 CdSe 时，Cd^{2+} 的浓度分别为 0.30mol/L、0.45mol/L、0.60mol/L，Se^{2-} 浓度为 1.0mol/L。实验中，所制备的 CdS 改性 TiO_2 纳米管试样记作 S_x，其中 x 表示沉积 CdS 时 Cd^{2+} 的浓度；而 CdS/CdSe 共改性 TiO_2 纳米管试样记作 S_{x-y}，其中 x 表示沉积 CdS 时 Cd^{2+} 的浓度，y 表示沉积 CdSe 时 Cd^{2+} 的浓度。实验方案见表 4-1。

表 4-1　实验方案

制备 CdSe 时 Cd^{2+} 的浓度 (mol/L) ＼ 制备 CdS 时 Cd^{2+} 的浓度 (mol/L)	0.30	0.45	0.60
0.20	$S_{0.20-0.30}$	$S_{0.20-0.45}$	$S_{0.20-0.60}$
0.50	$S_{0.50-0.30}$	$S_{0.50-0.45}$	$S_{0.50-0.60}$
0.70	$S_{0.70-0.30}$	$S_{0.70-0.45}$	$S_{0.70-0.60}$

4.3　材料表征与性能检测

4.3.1　改性材料微结构

改性前后材料的微观结构检测：分别检测 CdS 改性前后纳米管阵列的微观结构及 CdSe 改性后的纳米管微观结构，从而获得各改性层的厚度、形貌，以便于与其性能建立相应的关系。

4.3.2　改性材料的光学性能

分别对 CdS 改性前后及 CdSe 改性后的纳米管阵列进行紫外—可见光谱表征和拉曼光谱表征，以探索其光学性能及电荷传输性能。为了便于比较，同时将仅仅以 CdS 改性及 CdSe 改性的纳米管阵列进行对比。将 TiO_2 纳米管改性阵列的光学性能与其微观结构建立相关的联系。

4.3.3 改性材料的光电性能

分别对CdS改性前后及CdSe改性后的TiO_2纳米管阵列进行光电性能表征，以探索其光电性能及电荷传输性能。为了便于比较，同时将仅仅以CdS改性及CdSe改性的纳米管阵列进行对比。将TiO_2纳米管改性阵列的光电性能与其微观结构建立相关的联系。

4.4 实验结果与讨论

4.4.1 改性材料微结构

4.4.1.1 CdS改性前后纳米管阵列的微观结构

图4－3为以Cd^{2+}浓度为0.20mol/L、0.50mol/L和0.70mol/L所制备的CdS改性的TiO_2纳米管阵列的扫描电镜照片。从图中可见，当以0.20mol/L的Cd^{2+}对TiO_2纳米管进行改性时，TiO_2纳米管壁上附着了CdS纳米颗粒，CdS层的厚度约为3nm；当以0.50mol/L的Cd^{2+}对TiO_2纳米管进行改性时，纳米管的平均内径减小到64nm，这就意味着管壁上附着了约28nm的CdS，并且CdS层与TiO_2管壁结合紧密；当以0.70mol/L的Cd^{2+}对纳米管进行改性时，纳米管的平均内径减小到36nm——即管壁上沉积了约42nm的CdS，所得到的CdS和TiO_2纳米管壁也结合紧密。

由前文分析可知，当离子分散在水中时，其水化程度会因离子的种类和离子的浓度而异。对于同一离子而言，浓度越小，溶液中离子分布越稀疏，离子的电场作用在距离离子本身较远处才下降为零，因此离子作用半径较大，也就意味着其水化离子半径较大。当以这一浓度的离子导入纳米管内部时，由于有限的空间的限制和离子间相互作用，进入纳米管内的Cd^{2+}会相对较少，因而所得到的CdS也会较少。若离子的浓度较大时，溶液中离子分布越紧凑，离子的电荷作用力会在距离子较近处就下降为零，离子作用半径较短，因此其水化离子半径较小；当以这一浓度的离子导入纳米管时，进入纳米管内的离子数量会相应增加，故而所形成的CdS纳米材料的量也就增加。可见，由于纳米尺度空间限制与离子间相互作用这二者相互作用的结果，进入纳米管内的单位体积内离子数量比管外的要小；但是随着纳米管外的离子浓度的增加，能够导入纳米管内的离子数量也相应增加，因而纳米管内所形成的 CdS 的量也将随纳米管外的 Cd^{2+} 的浓度的增加而增加。

(a)　　(b)　　(c)　　(d)

图 4-3　未改性的及以($S_{0.2}$)0.20mol/L、($S_{0.5}$)0.50mol/L 和($S_{0.7}$)0.70mol/L 的 CdS 改性前后 TiO_2 纳米管阵列 SEM 照片

(a)未改性时；(b)$S_{0.2}$时；(c)$S_{0.5}$时；(d)$S_{0.7}$时

4.4.1.2　CdSe 改性后的 CdS/TiO_2 纳米管微观结构

图 4-4 为 CdS-CdSe 共改性后 TiO_2纳米管阵列的扫描电子显微镜照片。其中，图 $S_{0.7-0.6}$中侧面电镜照片为以含 F^- 溶液除去试样侧面 TiO_2后得到，表 4-2 为改性后纳米管阵列的微观结构的各相关参数。由图片 $S_{0.2-0.3}$、$S_{0.2-0.45}$及 $S_{0.2-0.6}$可知，将沉积了～3nm CdS 的 CdS/TiO_2纳米管阵列在浓度为 0.30mol/L、0.45mol/L、0.60mol/L 的 Cd^{2+} 中沉积 CdSe 时，将会进一步在管壁上沉积厚度分别为 4.5nm、16.5nm、26nm 的 CdSe 层。由于控制了 Cd^{2+} 的浓度，所沉积的 CdSe 均与前期沉积的 CdS 形成同轴纳米管，CdS 层与 CdSe 层之间未见明显分层结构。当将沉积了～28nm CdS 的 TiO_2纳米管阵列在浓度为 0.30mol/L、0.45mol/L、0.60mol/L 的 Cd^{2+} 中沉

积 CdSe 时，在管壁上沉积了厚度分别为 2.7nm、11.5nm、19nm 的 CdSe 层，此时所得到的 CdSe 也很好地附着在前期形成的 CdS 上，CdSe 均与 CdS 形成了同轴纳米管。而将沉积了～43nm CdS 的 TiO_2 纳米管阵列在浓度为 0.30mol/L、0.45mol/L 的 Cd^{2+} 溶液中沉积 CdSe 时，在管壁上沉积了厚度分别为 2.5nm、10nm 的 CdSe 层，此时所得到的 CdSe 也很好地附着在前期形成的 CdS 上；但是，若在 0.60mol/L 的 Cd^{2+} 中沉积 CdSe 时，纳米管将被完全填充，所得到的 CdSe 纳米线平均直径为 18nm。

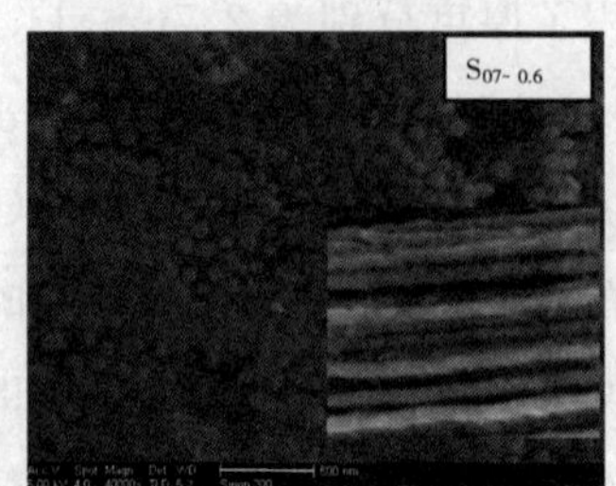

图 4-4 不同 Cd^{2+} 浓度下 CdS-CdSe 共改性后 TiO_2 纳米管阵列的 SEM 照片

表 4-2 为 CdS/CdSe/TiO_2 体系的微观结构，图 4-5 为不同管径下沉积层的厚度与 Cd^{2+} 浓度的关系曲线。由表 4-2 可以看出，总体上而言，无论是沉积 CdS 还是 CdSe，所沉积的改性成分的量都随着所使用的 Cd^{2+} 的浓度增大而增加。然而，当纳米管管径不同时，尽管 Cd^{2+} 的浓度相同，改性成分的沉积速率（记作 V）也有所不同。仅就 CdSe 沉积而言，当纳米管内径为 114nm 时，沉积成分的厚度随 Cd^{2+} 的浓度增大而显著增加，沉积速率明显比内径为 64nm 和 36nm 的要大；而内径为 64nm 时，沉积成分的厚度也随 Cd^{2+} 的浓度增大而增加，但增加的程度要小，沉积速率则要比内径为 36nm 时的要大；内径为 36nm 时，沉积成分的厚度也随 Cd^{2+} 的浓度增大而增加，但增加的程度更小，沉积速率最小。三者的相对大小为：$V_{114}>V_{64}>V_{36}$（见图 4-5(b)），并且，随着浓度的增大，改性材料的沉积速率也会下降。若将 CdS 与 CdSe 的沉积进行比较，管径对沉积速率的影响更为明显（见图 4-5(a)、(b)）：当将内径为 120nm 的 TiO_2 纳米管实施 CdS 沉积时，其沉积速率显然比将管径为 114nm 的、已沉积 CdS 的纳米管的速率大。

表 4-2 CdS/CdSe/TiO_2 纳米管阵列的微观结构

	$S_{0.2-0.3}$	$S_{0.2-0.45}$	$S_{0.2-0.6}$	$S_{0.5-0.3}$	$S_{0.5-0.45}$	$S_{0.5-0.6}$	$S_{0.7-0.3}$	$S_{0.7-0.45}$	$S_{0.7-0.6}$
CdS 改性后平均内径(nm)	114	114	114	64	64	64	36	36	36
CdS/CdSe 改性后平均内径(nm)	105	81	62	58.5	41	26	31	16	0
CdS+CdSe 平均厚度(nm)	7.5	20	29	31	39.5	47	45	52	62.5
CdS 平均厚度(nm)	3	3	3	28	28	28	42	42	42
CdSe 平均厚度(nm)	4.5	16.5	26	2.7	11.5	19	2.5	10	18

化学反应速率的大小由下式决定，其中反应速率常数 k_c 不仅与反应物的本性相关，也和反应物的浓度、温度和催化剂相关：

$$V = k_c\{c(Cd^{2+})\}\{c(S^{2-})\} \quad 4-1$$

$$V = k_c\{c(Cd^{2+})\}\{c(Se^{2-})\} \quad 4-2$$

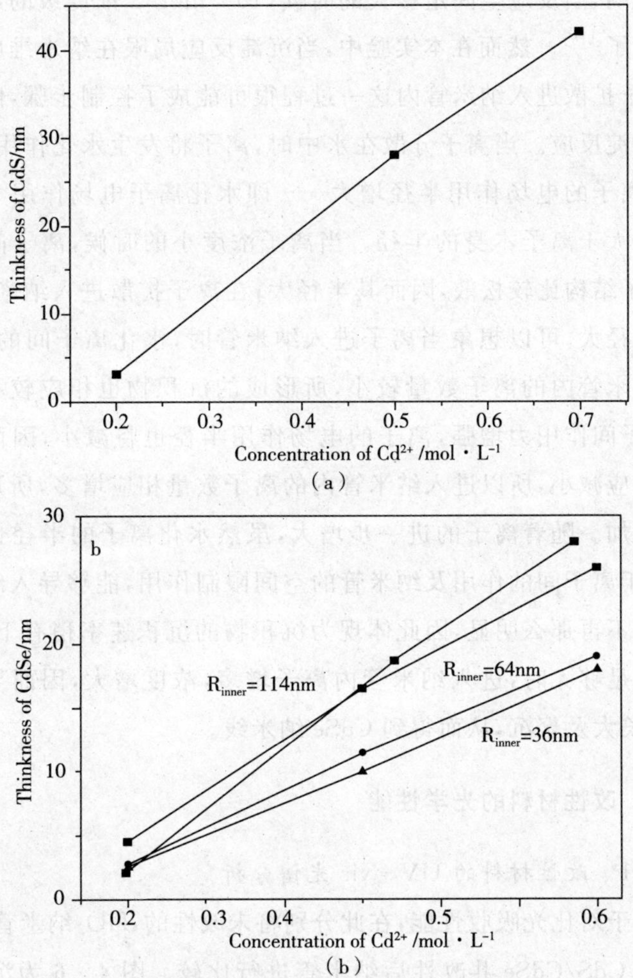

图 4－5　不同管径下沉积层的厚度与 Cd^{2+} 浓度的关系

(a) CdS；(b) CdSe

在本实验中，当在纳米管内分别沉积 CdS 和 CdSe 时，由于各沉积物沉积过程中离子种类与实验条件是一致的，并且 S^{2-} 与 Se^{2-} 的浓度均是超过 50％以上的，因此可以忽略反应物本性、温度、S^{2-} 与 Se^{2-} 的浓度和催化剂的

影响而单独考虑 Cd^{2+} 浓度对沉积物的影响[316]；同时，由最小自由能原理可知，离子将趋向于扩散进入纳米管内，但是由于沉积过程是局限在纳米尺度空间内进行的，这种空间的限制作用也将影响改性材料在其中的沉积。因此，在此仅仅考虑 Cd^{2+} 浓度与纳米管内的空间限制作用对沉积反应的影响。

实验证明，当反应空间足够大的时候，10^{-1} mol/L 浓度级的反应已经能够相当迅速了[316]。然而在本实验中，当沉淀反应局限在纳米维度的空间内进行时，离子扩散进入纳米管内这一过程很可能成了控制步骤，因此它有别于传统的沉淀反应。当离子分散在水中时，离子将发生水化作用，由于水分子的吸附，离子的电场作用半径增大——即水化离子电场作用力下降为零处的半径远大于离子本身的半径。当离子浓度小的时候，离子间作用力也小，水化离子结构比较松散，因而其半径大；在离子扩散进入纳米管时，由于水化离子半径大，可以想象当离子进入纳米管时，水化离子间的作用较大，因此进入纳米管内的离子数量较小，所形成的沉积物也相应较小。随着浓度增大，离子间作用力增强，离子的电场作用半径也将减小，因而水化离子的半径也相应减小，所以进入纳米管内的离子数量相应增多，所形成的沉积物也相应增加。随着离子的进一步增大，虽然水化离子的半径也会相应减小，但是由于离子间的作用及纳米管的空间限制作用，能够导入纳米管中的离子数量将不再那么明显，因此体现为沉积物的沉积速率稍有下降。然而，当离子浓度足够大时，进入纳米管内离子增多，浓度增大，因而导致大量晶核的形成、长大及聚沉，从而得到 CdSe 纳米线。

4.4.2 改性材料的光学性能

4.4.2.1 改性材料的 UV - vis 光谱分析

为了便于对比光吸收性能，在此分别将未改性的 TiO_2 纳米管、CdS 改性后纳米管及 CdS/CdSe 共改性后纳米管进行比较。图 4 - 6 为沉积 CdS 时 Cd^{2+} 的浓度为 0.2mol/L 而沉积 CdSe 时 Cd^{2+} 浓度分别为 0.3mol/L、0.45mol/L、0.6mol/L 时所制备的共改性材料的 UV - vis 光谱图。从图中可见，当纳米管阵列管壁上沉积了 CdS 纳米颗粒后，其光吸收曲线比未沉积时的吸收曲线无论在紫外光区还是可见光区都显示出更强的吸收，TiO_2 在～380nm 处的特征光吸收限也明显抬升。当在沉积了 CdS 的纳米管内进一步沉积CdSe时，改性体系不仅在紫外光区的吸收增强，在400nm～650nm范围内的吸收增强更显著，并且光吸收的强度随CdSe的量的增加而增大。当CdSe层达到16.5nm时，共改性体系在可见光区的吸收已经比在紫外光区的吸收要强（见图4-6中的$S_{0.2-0.45}$）。

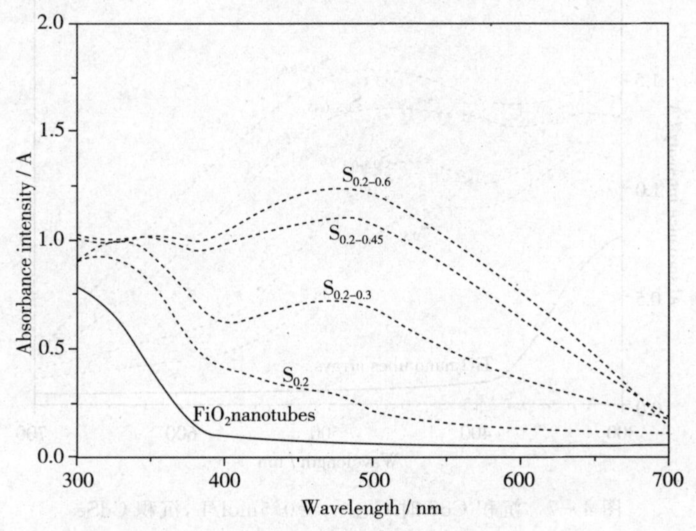

图4-6 沉积CdS时$C_{(Cd^{2+})}$=0.2mol/L，

沉积CdSe时不同$C_{(Cd^{2+})}$下共改性阵列的UV-vis光谱

图4-7是沉积CdS时Cd^{2+}的浓度为0.5mol/L而沉积CdSe时Cd^{2+}浓度分别为0.3mol/L、0.45mol/L、0.6mol/L时所制备的共改性材料的UV-vis光谱图。从图中可见，当纳米管阵列管壁上沉积了厚度约为28nm的CdS后，无论在紫外光区还是可见光区都显示出显著的光吸收。当在沉积了CdS的TiO_2纳米管内进一步沉积CdSe时，共改性体系在整个紫外光区和可见光区的光吸收进一步增强，尤其在400nm～650nm范围内的吸收更是显著。共改性体系的光吸收也随CdSe的量的增加而增强。

图4-8是沉积CdS时Cd^{2+}的浓度为0.7mol/L而沉积CdSe时Cd^{2+}浓度分别为0.3mol/L、0.45mol/L、0.6mol/L时所制备的共改性材料的UV-vis光谱图。从图中可见，当纳米管阵列管壁上沉积了厚度约为42nm的CdS后，CdS/ TiO_2改性体系无论在紫外光区还是可见光区其光吸收都非常显著，TiO_2在～380nm处的光吸收限也明显增强。当在沉积了42nm CdS的TiO_2纳米管

内进一步沉积 CdSe 时，共改性体系在整个紫外光区和可见光区的吸收也显著增强，尤其在 400nm～650nm 范围内的吸收更是显著。改性体系的光吸收强度也随 CdSe 的量的增加而增大，最大光吸收强度的波长稍微红移。

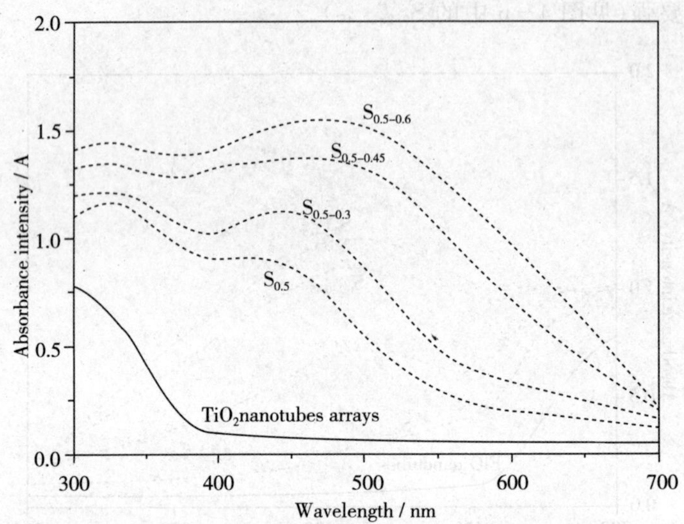

图 4-7　沉积 CdS 时 $C_{(Cd^{2+})}=0.5$mol/L，沉积 CdSe 时不同 $C_{(Cd^{2+})}$ 下共改性阵列的 UV-vis 光谱

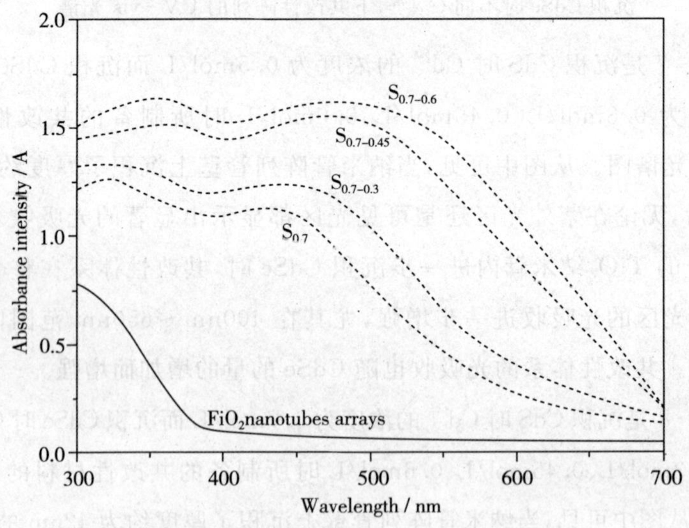

图 4-8　沉积 CdS 时 $C_{(Cd^{2+})}=0.7$mol/L，沉积 CdSe 时不同 $C_{(Cd^{2+})}$ 下共改性阵列的 UV-vis 光谱

从图 4 - 6、图 4 - 7 及图 4 - 8 可看出，CdS/CdSe 共敏化后的 TiO_2 纳米管阵列的光吸收都比仅仅用 CdS 敏化时的光吸更强、在可见光区的吸收更好。并且，当对 TiO_2 纳米管阵列实施 CdS 与 CdSe 共敏化后，体系的光吸收具有互为促进、互为补充的特点。

4.4.2.2　改性材料的光学能带隙

由前面分析可知，本实验所制备的 TiO_2 纳米管阵列及分别用 CdS 及 CdSe 改性的纳米管阵列以间接跃迁的形式更为合理，因此在此仅分析、比较间接跃迁形式的光学能带隙。图 4 - 9 为所获得的共改性阵列的 $(\alpha h\nu)^{1/2}$ - $h\nu$ 曲线。从图中可见，当纳米管中沉积少量的敏化剂时（图 4 - 9，$S_{0.2-0.3}$），改性体系出现了两个光学能带隙，其中一个为 1.84eV，另一个为 1.61eV。随着 CdS 及 CdSe 沉积量的增加，其较大的能带隙逐渐消失，较小的能带隙逐渐变小。当 TiO_2 纳米管壁上沉积 42nm 的 CdS 和 18nm 的 CdSe 后，其光学能带隙下降到最低值～1.4eV。

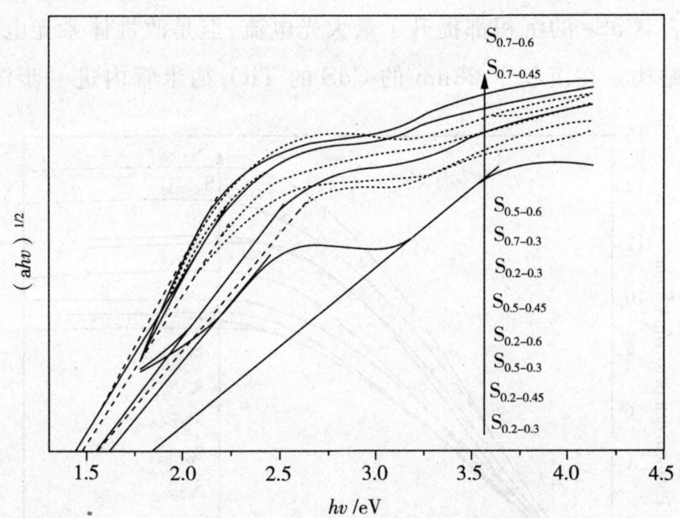

图 4 - 9　不同 Cd^{2+} 浓度下 CdS/CdSe 共改性阵列的 $(\alpha h\nu)^{1/2}$ - $h\nu$ 曲线

研究表明，CdS/TiO_2 异质结的形成，对 TiO_2 性能的提高是非常有利的。首先，当 CdS/TiO_2 体系形成后，由于 CdS 的导带比 TiO_2 的导带更负约 0.5eV，CdS 中产生的光生电子更易于从其导带进入 TiO_2 的导带[299～301]，因而电子从 CdS 传递到 TiO_2 的效率更高——而且 CdS/TiO_2 层状结构结合越紧密，接触面积越大，其电荷传输性能就越好[268,300,301]。其次，CdS 较低的能带隙和好的电荷传输性能也有利于改性体系在可见光区的光吸收，从而更有利于电子-空穴对的产生。当构筑 CdSe/CdS/ TiO_2体系后，以下各方面也将促进复合体系的光吸收性能和光电性能的提高，其一，由于 CdSe 的能带隙较 CdS 的要小一些，因此其光吸收行为更好、光量子产率会更高；其二，由于 CdSe 与 CdS 的结构比 CdSe 与 TiO_2的更相近，CdSe 中产生的载流子将更容易传递至 CdS 的导带，因而能够实现更好的电荷分离效果，达到较高的光电转换效率[306~310]；其三，在沉积 CdSe 时，由于 Cd^{2+} 在已沉积的 CdS 上的预吸附/沉积作用，使得沉积的 CdSe 与 CdS 结合更加紧密、均匀，从而使得 CdSe 与 CdS 的接触面最大化，因而具有更好的电荷分离能力[306]。

4.4.3 改性材料的光电性能

4.4.3.1 改性材料的 *I*－*V* 曲线

图 4－10 为 CdSe/CdS/ TiO_2改性阵列的光电流曲线。从图中可看出，总体上而言，CdSe 的沉积都提升了最大光电流，但是改性体系光电流的大小有赖于其结构。在沉积了 28nm 的 CdS 的 TiO_2 纳米管内进一步沉积 CdSe

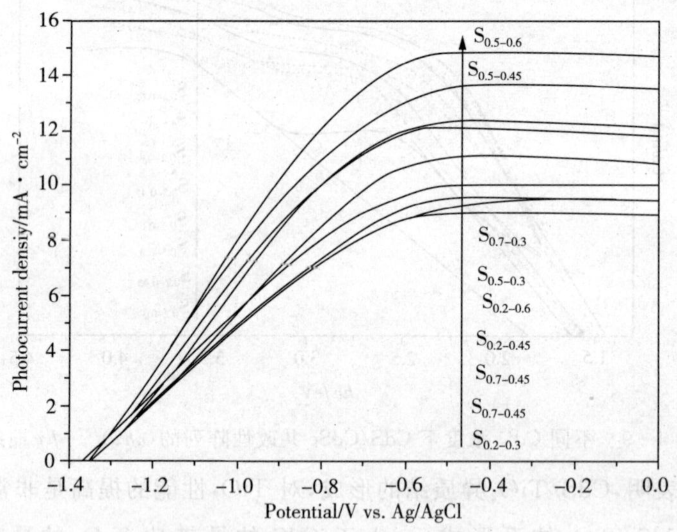

图 4－10　不同 Cd^{2+} 浓度下 CdS/CdSe 共敏化 TiO_2 纳米管阵列的光电流曲线

后，其光电流都比较大，其中 $S_{0.5-0.6}$ 和 $S_{0.5-0.45}$ 最大光电流分别达到 15.2eV 和 13.9eV；当在沉积了～3nm 的 CdS 的 TiO_2 纳米管内进一步沉积 CdSe

时，其中 $S_{0.2-0.6}$ 的光电流最大，达到 11.0eV；当在沉积了 42nm 的 CdS 的 TiO_2 纳米管内进一步沉积 CdSe 时，其中 $S_{0.7-0.3}$ 的光电流最大，达到 12.4eV。

当半导体材料与溶有电解质的液相介质接触时，半导体的费米能级与液相介质的费米能级都将发生弯曲并重新建立静电平衡状态；如果对与液相介质接触的半导体材料进行光辐射时，只要光的能量大于半导体的能带隙，半导体中便可以产生电子-孔穴对；若半导体与相应介质形成回路时，就会产生光电流。因此，光电流的产生及其大小有赖于半导体的能带隙、光生载流子的数量、光生载流子的分离效率和传递速率。对于所制备的 CdSe/CdS/TiO_2 改性阵列而言，其良好的光电性能可能是由以下的原因导致的：

首先，CdSe 与 CdS 具有低的能带隙，不同能带隙间的协同效应不仅增强了改性体系的光吸收，也使得改性体系的光谱吸收范围扩展到可见光区，从而提高了光生电子-孔穴对的数量（电子-孔穴对产生的数量相对于 CdSe 与 CdS 的量）。

其次，对 TiO_2 纳米管阵列实施 CdS 改性时，在两相接触的界面会形成具有一定能垒的异质结，由于 CdS/TiO_2 异质结的形成，在 CdS 内产生的光生电子可以更有效地传递并被收集于 TiO_2，而体系产生的空穴被分离并集中于 CdS[306,313～315]。

再次，在 CdS/TiO_2 改性材料上沉积 CdSe 时，中间的 CdS 层不仅不会阻止光生电子从 CdSe 进入 TiO_2，反而更有利于电子的收集和传递[307]，而且 CdSe/CdS 界面的形成还能够更有利于费米能级的重整[309,314]，使得在 CdSe 层中产生的载流子易于传递至 CdS 层。

最后，在沉积 CdSe 时，由于 Cd^{2+} 在前期沉积的 CdS 上的预吸附/沉积作用，使得沉积的 CdSe 与 CdS 层结合更加紧密、均匀，使得 CdSe 与 CdS 接触最大化，从而促进了改性体系具电荷分离能力的提高[306]。

4.4.3.2　改性材料的最大光电流与沉积层厚度的关系

图 4 - 11 为在沉积了不同厚度的 CdS 的 TiO_2 纳米管内进一步沉积 CdSe 时，CdSe 层的厚度与最大光电流之间的变化情况。由图可见，当 TiO_2 纳米管内沉积的 CdS 层较小时，最大光电流随着沉积的 CdSe 层厚度的增加

而增大(见图中 $S_{0.2}$ 系列和 $S_{0.5}$ 系列),其中 $S_{0.5}$ 系列增大更加明显。然而,当 TiO_2 纳米管内沉积的 CdS 较厚时,其最大光电流将随着 CdSe 层厚度的增加反而下降(见图 4-11 中 $S_{0.7}$ 系列)。图 4-12 为 CdS/CdSe/ TiO_2 改性体系的最大光电流随最大吸光度的变化曲线和改性层厚度与最大吸光度的关

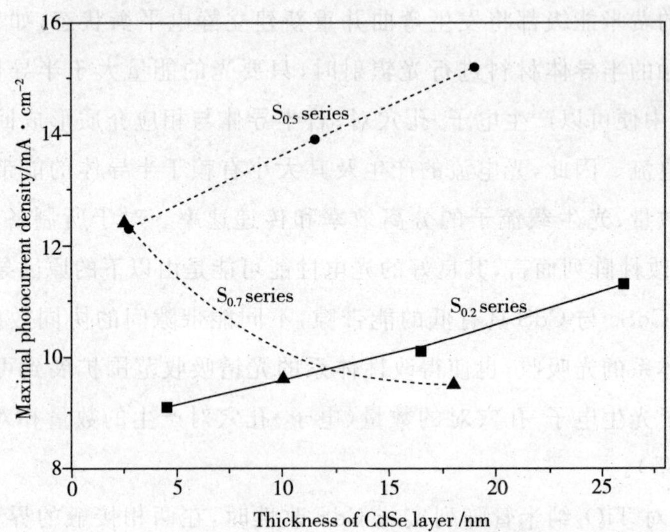

图 4-11 沉积一定量的 CdS 的 TiO_2 纳米管内沉积 CdSe 时,CdSe 的厚度与最大光电流之间的关系

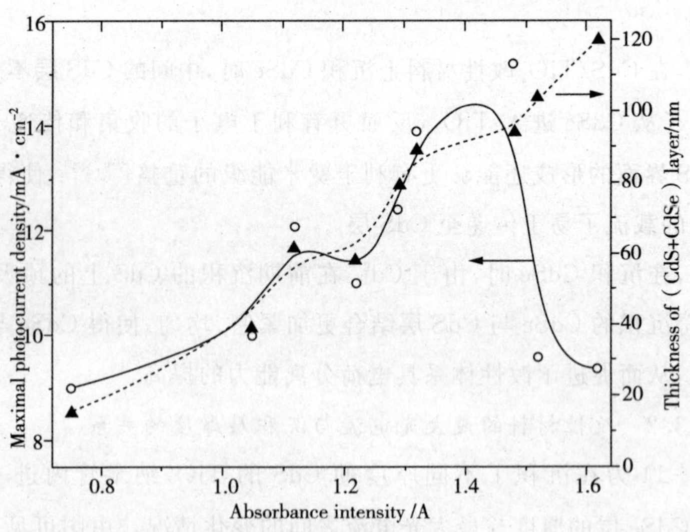

图 4-12 改性体系最大光电流及改性层厚度与最大吸光度的关系

系曲线。从图中可见，当(CdS＋CdSe)改性层的厚度增大时，其最大吸光度也随之增大。对于改性体系的最大光电流而言，其最大光电流先随着最大吸光度的增大而增大，但是当吸光度增大至～1.5 时，最大光电流达到最大值；当吸光度进一步增大时，其最大光电流反而显著下降。

由于光电流与半导体能够产生的载流子数量、载流子分离效率和传递速率相关，而改性体系的 UV - vis 光谱曲线及 $(ahv)^{1/2} - hv$ 曲线说明，随着改性成分的增加，改性阵列的光吸收强度及吸收边都得到有效的改善。对于 $S_{0.2}$ 系列、$S_{0.5}$ 系列和 $S_{0.7}$ 系列而言，它们都具有很强的光吸收和低的光学能带隙——尤其是 $S_{0.7}$ 系列，因此可以推断，$S_{0.7}$ 系列具有相对更多的光生电子-孔穴对。另外，由于所有的改性体系都将形成 CdSe/CdS/TiO_2 多重能垒，并且它们的开路电压差别很小，因此其光生载流子的分离性能比较接近。鉴于上述分析，在此认为光电流的降低是由于较差的电荷导出速率引起的——当产生的光生载流子可以被及时、有效地由纳米管内的 CdSe 层导出时，光生电子-孔穴对的复合就会显著降低，其光电流也就较大；相反，当产生的载流子不能够被及时、有效地导出时，尽管载流子被分离在性质不同的区域，但是电子-孔穴对复合的机会显著增加，即使产生的载流子数量很大也会导致其光生电流显著降低[274,307～310]。这一结果也说明，对于 CdSe/CdS/TiO_2 纳米管改性体系的光电性能而言，光生载流子的分离效率与产生效率同样重要，正是二者决定了改性体系的光电性能。

4.4.3.3　改性材料的最大光电流与改性材料内径的关系

图 4 - 13 是最大光电流与共改性阵列 CdSe/CdS/TiO_2 内径的关系曲线。从图中可见，改性阵列的最大光电流受内径的制约非常明显：当改性阵列的内径很小或者很大的时候，其最大光电流都比较小；当内径为 25nm ～40nm 时，改性阵列具有大的最大光电流。显然，改性阵列的内径越小，意味着纳米管被改性剂填充越多，因此光生电子-孔穴对的数量也就越多；然而光生空穴主要被分离并集中在内层的 CdSe 上(见图 4 - 1)，由于内层的 CdSe 与液相介质的接触面小，电荷不能被及时、有效地导出，从而为光生载流子的复合增加了机会，降低了最大光电流。而内径越大，意味着改性剂沉积就越少，因此其光生电子-孔穴对的数量就少，此时尽管内层 CdSe 与液相介质的接触面很大，光生载流子能够被有效地导出，但是其最大光电流也会

比较小。图 4－13 中箭头所指为 $S_{0.7-0.3}$ 号试样的最大光电流，显然它比相邻近的两个试样的光电流要小一些而比其他的要大。这一异常情况的出现，可能是由于相对于相邻两个试样而言，$S_{0.7-0.3}$ 号试样中的 CdS 较多而 CdSe 很少的缘故——因为对于 CdS/CdSe 体系而言，CdSe 的量越少，其光电性能越差，光电转换效率越低[274,307~310,312]。

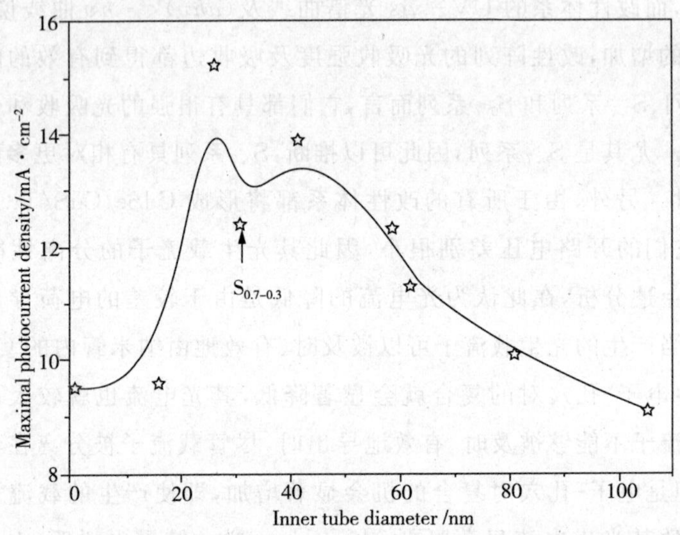

图 4－13　最大光电流与 $CdSe/CdS/TiO_2$ 阵列的内径关系

这一实验结果表明，$CdSe/CdS/TiO_2$ 纳米管阵列复合材料的光电性能受各沉积组分的相对量和改性后阵列的内径共同制约，要获得理想的光电性能需要处理好各沉积组分和纳米管内径间的消长关系。

4.5 本章小结

通过控制 Cd^{2+} 的浓度，依次实现了 CdS 和 CdSe 在 TiO_2 纳米管内的可控沉积。当沉淀反应局限在纳米维度的空间内进行时，离子扩散进入纳米管内的过程很可能成了反应的控制步骤。由于离子的水化作用，水化离子的半径总大于离子自身的半径。当离子浓度小时，离子的电场作用半径较大，因而水化离子结构比较松散、半径较大，所以进入纳米管内的离子数量较少，所形成的沉积物也相应较少。随着浓度增大，离子间作用力增大，离子的电场作用半径相应减小，水化离子结构变得紧凑、半径减小，因而能够进入纳米管内的离子数量增多，所形成的沉积物也相应增加。

$CdSe/CdS/TiO_2$复合功能材料的光吸收具有互为促进、互为补充的特点，由于 $CdSe/CdS/TiO_2$结构的形成，其光学能带隙显著下降；其光电性能受各沉积组分的量的限制，尤其受改性体系的微观结构特点的制约。当 CdS/TiO_2体系形成后，由于 CdS 的导带比 TiO_2的高，因而 CdS 中产生的光生电子易于进入 TiO_2。当构筑 $CdSe/CdS/TiO_2$体系后，由于 CdSe 具有更低的能带隙，使得改性体系具有更好的光吸收；并且，由于 Cd^{2+} 在已经沉积有的 CdS 上的预吸附/沉积作用，使得沉积的 CdSe 与 CdS 结合更加紧密、均匀、接触面最大化，因而具有更好的电荷分离能力。

此外，CdS 和 CdSe 的相对量的多少也会影响改性纳米管阵列的光电性能。当 TiO_2纳米管内沉积的 CdS 层较薄时，其最大光电流随着沉积的 CdSe 层厚度的增加而增大；当纳米管内沉积的 CdS 较厚时，由于电荷的导出和传递速率的制约，其最大光电流将随着 CdSe 层的增加而下降。同时，改性组分的相对量的多少对 $CdSe/CdS/TiO_2$改性阵列的光电性能的影响也体现在内径对其光电性能的影响上，过小或者过大都不利于光电转换，较理想的内径为 25nm ～ 40nm。

第5章 Pt在CdSe/CdS/TiO$_2$复合材料上的沉积及物性

以电化学沉积的方式分别在 TiO$_2$ 及 CdSe/CdS/TiO$_2$ 纳米管阵列上沉积了金属 Pt。在以 TiO$_2$ 为基体沉积 Pt 时，沉积电压偏离沉积金属的电极电势越大，所得到的沉积颗粒粒度分布及沉积材料在基体上的分布越不均匀，由此得到的改性材料性能也越差。Pt 的沉积能够提升改性材料的光学性能及光电性能，但是沉积过量时，反而不利于光生载流子从基体导出，从而致使其光电性能下降。

5.1 引言

Schottky 结一般是在 P 型半导体和低功函金属的界面或者 N 型半导体和高功函金属的界面之间形成。研究表明，当半导体材料担载上一定的贵金属后，由于贵金属材料的功函和半导体材料的费米能级相互作用，在金属与半导体材料的接触界面处将形成具有一定能垒的 Schottky 结。Schottky 结具有整流的作用，当形成 Schottky 结时，空间电荷层电场仅允许电荷沿某一方向流动。对于 P 型半导体和低功函金属所形成的 Schottky 结而言，电荷将由金属向 P 型半导体一侧传递；对于 N 型半导体与高功函的贵金属形成的 Schottky 结而言，电荷将由半导体向金属一侧传递——即对于 P 型半导体而言，低功函金属为负极。对于 N 型半导体而言，高功函的金属为正极[317]。电荷的单向流动性可以有效地抑制或者延缓电子-空穴对的复合，提高光量子产率。

TiO_2、CdS和CdSe均为N型半导体。如果在 CdS/TiO_2、$CdSe/TiO_2$ 及 $CdSe/CdS/TiO_2$ 纳米管阵列薄膜上沉积高功函的金属，那么这些半导体与金属的接触界面处就会形成具有一定能垒的Schottky结，而Schottky结犹如高效率的电子俘获剂一般，可以有效阻止电子-空穴对的复合。因此，高功函金属的沉积能更有效地促进光生电子-空穴对的有效分离，提高改性体系的光电性能、光催化性能。目前，对 TiO_2 纳米管阵列薄膜进行金属沉积改性主要使用Pt[173,180,224～230,252]、Au[231,232]、Ag[224]、Pd[169]、Ru[226]、Co[224]及Cu[233]等金属材料，沉积方式主要是以电化学沉积实现的。在所有使用的金属中，Pt的功函高达5.65eV[252]。若在 $CdSe/CdS/TiO_2$ 纳米管阵列薄膜上进一步沉积金属Pt，$CdSe/CdS/TiO_2$ 与金属Pt间的接触界面处将形成具有一定能垒的Schottky结。因此，贵金属Pt的沉积能更有效地促进光生电子-空穴对的有效分离，提高改性体系的光电性能、光催化性能及半导体材料自身的稳定性[318]。

为了探究贵金属改性对CdSe/CdS共改性 TiO_2 纳米管阵列体系的性能的影响，本章以Pt为沉积金属，通过电化学沉积的方式对 CdS/TiO_2、$CdSe/TiO_2$ 及 $CdSe/CdS/TiO_2$ 体系加以改性处理，并寻找沉积Pt时各相关参数对 $CdSe/CdS/TiO_2$ 体系性能的影响机制。

5.2　Pt改性复合材料制备工艺

5.2.1　实验原料

实验中首先以未改性的 TiO_2 纳米管阵列为基体进行Pt的沉积，通过这一实验探索沉积电压和沉积时间对改性材料的性能的影响。所使用的 $CdSe/CdS/TiO_2$ 体系选取光电流较大的和较小的进行沉积改性，所使用的改性阵列也记为 S_{x-y}（见图5-1）。其中，x 表示沉积CdS时所用 Cd^{2+} 的浓度；而 y 为沉积CdSe时所用 Cd^{2+} 的浓度。电沉积实验中所用试剂为 H_4PtCl_6（A.R.，天津化学试剂研究所）。

图 5-1　沉积 Pt 时所用的 CdSe/CdS/TiO_2 改性阵列

5.2.2　Pt-TiO_2 复合材料中 Pt 含量的设计

5.2.2.1　沉积电压、时间对沉积过程的影响

实验中以未改性的 TiO_2 纳米管为样本，通过实验设计考察沉积电压 U 及沉积时间 t 两个因素对室温下(24℃)沉积效果的影响。由于 $PtCl_6^{2-}/Pt$ 的标准电势为 0.775V[319]，考虑 Pt 沉积时的过电势，本实验中所使用的电压分别为-2V、-3V、-4V；为了控制沉积量，沉积时间为别为 5s、10s、20s。所制备的试样记为 S_{u-t}，其中 u 指代沉积电压，t 指代沉积时间。同时，为了在较短的沉积时间内能够控制沉积量，H_2PtCl_6 的浓度不宜过大，因此实验过程中所使用的 H_2PtCl_6 浓度为 0.125mmol/L。

表 5-1　以空白 TiO_2 为改性基体的实验设计

沉积电压/V \ 沉积时间/s	5	10	20
-2	S_{2-5}	S_{2-10}	S_{2-20}
-3	S_{3-5}	S_{3-10}	S_{3-20}
-4	S_{4-5}	S_{4-10}	S_{4-20}

5.2.2.2 Pt-TiO_2体系中Pt含量的控制

由前面的分析可知,电化学沉积是一种具有电流选择性的沉积过程,沉积物将优先沉积于电流密度大的部位。因此,沉积物在基体上的分布将是不均匀的,沉积物的量难于通过SEM、EDS、XPS等直接表征方式进行表征,即使表征也会出现很大的误差。由于$PtCl_6^{2-}$在约255nm处有强的特征吸收峰(见图5-2),通过测定沉积前后H_2PtCl_6溶液在255nm处的吸光度,根据Lambert-Beer定律便可以测得H_2PtCl_6的浓度变化,进而求得所沉积的金属Pt的量。因此,本实验将通过测定电化学沉积前后H_2PtCl_6溶液在255nm处的吸光度的变化来确定Pt的沉积量。

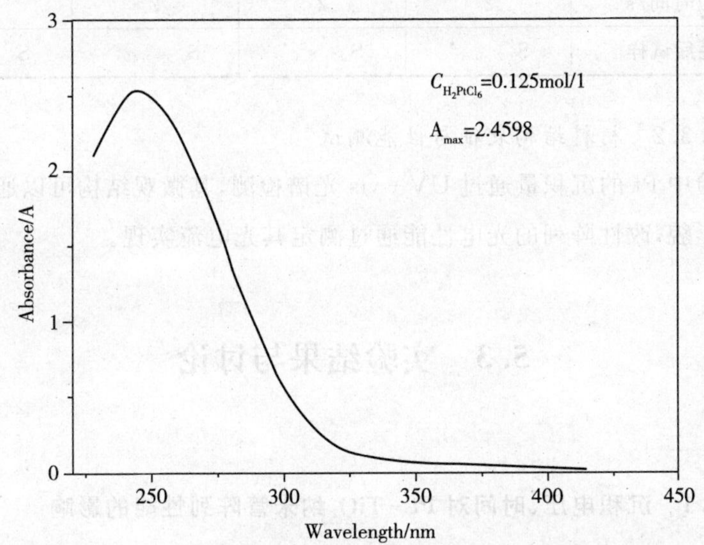

图5-2 浓度为0.125mol/L的H_2PtCl_6的紫外—可见吸收光谱

5.2.2.3 材料结构表征与性能测试

实验中Pt的沉积量通过UV-vis光谱检测,所用仪器为Varian Cary 100型紫外—可见光谱仪。对于空白TiO_2纳米管而言,可以通过SEM表征其微观形貌,改性后的纳米管阵列的光电性能也可以通过测定其光电流进行表征。通过性能检测,获得有利于性能发挥的实验参数,以利于Pt对CdSe/CdS/TiO_2的改性。

5.2.3 Pt-CdSe/CdS/TiO_2复合材料的制备

5.2.3.1 参数控制

通过上述实验所获得的沉积电压、沉积时间等相关参数，设计Pt-CdSe/CdS/TiO_2复合材料的制备实验。由于纳米管径与其性能相关，而CdSe/CdS/TiO_2体系已经沉积有CdSe、CdS，所以实验中选择沉积的电压为3.0V，沉积时间均为2s。

表5-2 Pt-CdSe/CdS/TiO_2中沉积参数设计

试样	$S_{0.2-0.3}$	$S_{0.7-0.6}$	$S_{0.5-0.45}$	$S_{0.5-0.6}$
沉积时间/s	2	2	2	2
改性后试样	$S_{0.2-0.3}'$	$S_{0.7-0.6}'$	$S_{0.5-0.45}'$	$S_{0.5-0.6}'$

5.2.3.2 材料结构表征与性能测试

实验中Pt的沉积量通过UV-vis光谱检测，其微观结构可以通过SEM表征其形貌，改性阵列的光电性能通过测定其光电流实现。

5.3 实验结果与讨论

5.3.1 沉积电压、时间对Pt-TiO_2纳米管阵列性能的影响

5.3.1.1 Pt-TiO_2纳米管阵列的微观结构

图5-3为在不同沉积电压、不同沉积时间下，沉积了Pt的TiO_2纳米管阵列的扫描电子显微镜照片。从图中可见，当沉积电压为2V时、沉积5s后，TiO_2纳米管阵列上沉积了少量的金属Pt，且金属颗粒较小、分布不均匀；沉积10s后，Pt颗粒增多并长大，TiO_2纳米管阵列表面被团聚的Pt颗粒覆盖；当沉积20s时，TiO_2纳米管阵列基本被沉积的金属层所覆盖，并且TiO_2纳米管内壁也附着大量的金属颗粒（见图5-3中S_{2-20}）。当沉积电压为3V时，沉积5s后纳米管壁上也附着了金属颗粒，此时的金属颗粒也比较小、分

布不均匀；沉积 10s 后，纳米管的管状结构变得模糊难辨，TiO_2 纳米管阵列几乎被沉积的金属所覆盖；沉积 20s 后，所沉积的金属已经连成一片，已不能看出纳米管的管状结构。当沉积电压为 4V 时，沉积 5s 后，TiO_2 纳米管阵列的管口处沉积有粒径较大且团聚的金属颗粒；沉积 10s 后，TiO_2 纳米管阵列的表面被大量粒径较小的金属颗粒完全覆盖，难以看到纳米管状结构；沉积 20s 后，金属颗粒的粒径分布变得更加不均匀，沉积的金属连接在一起，不能看清 TiO_2 纳米管阵列的管状结构。

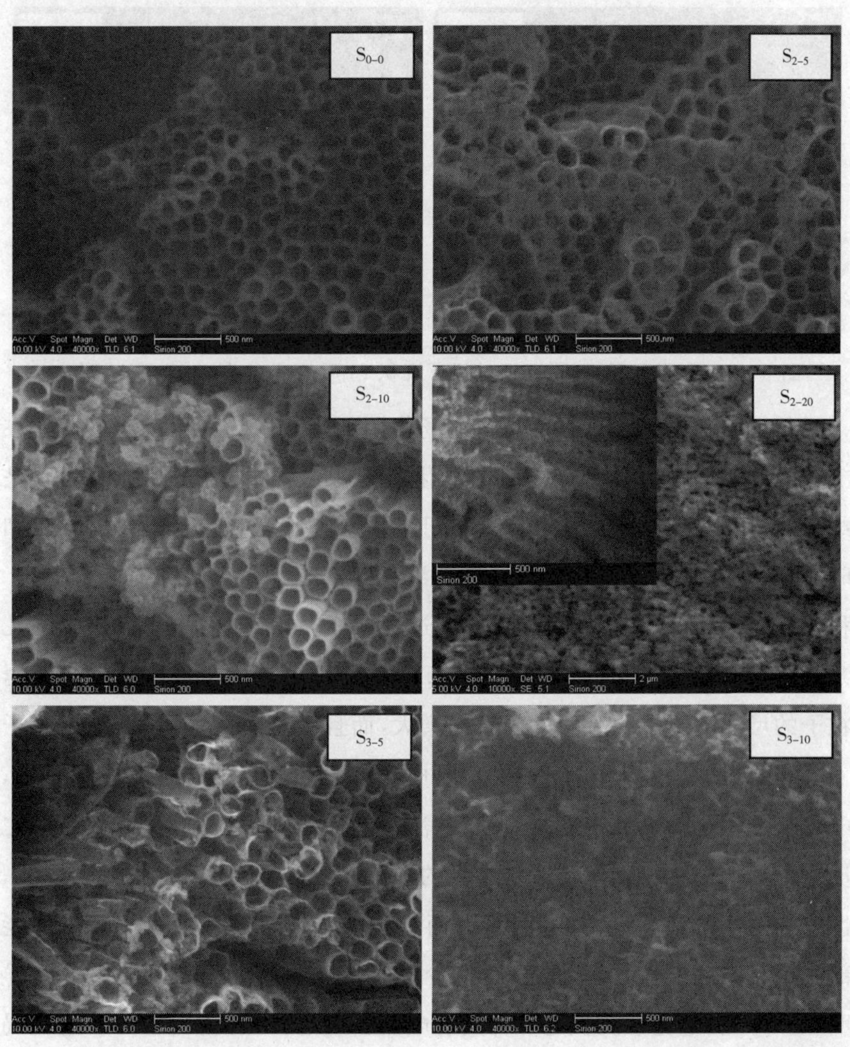

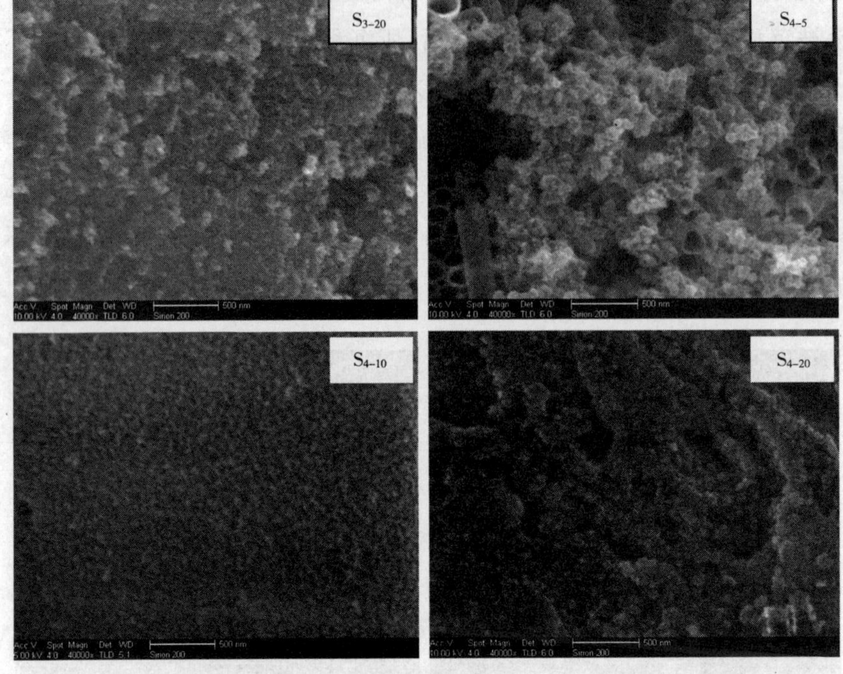

图 5-3　不同电压、不同沉积时间下沉积 Pt 后的 TiO_2 纳米管 SEM 照片

材料的电化学沉积过程是指在电场作用下溶液中的离子定向移动并在电极上还原并沉积的过程。在材料的电化学沉积过程中，需要控制的因素是沉积组分的量和沉积结构的维度。理论上，组分的沉积量正比于沉积电流和沉积时间，因此可以通过控制沉积电流和沉积时间来加以调控。对于金属 Pt 的沉积而言，它具有以下特点：首先，成核过程一个是瞬态过程，其成核时间几乎在几毫秒就实现了，此时所得到的纳米粒子尺寸均匀性非常好；其次，金属纳米粒子的尺寸随电沉积时间的延长而增大，而且随着时间的延长，纳米粒子的尺寸分布变得越来越不均匀[317]。对于电化学沉积过程中的维度控制而言，由于电化学沉积是与电流密度相关的，电流密度大的部位沉积的量就多；反之则相反。由于电极材料制作及材料本身的缺陷，其导电性能不可能完全一致，导电性能好的部位其电流密度就大，因而沉积的金属就越多；相反，导电性能差的部位电流密度就小，沉积的金属就少。而且，电压越大，其电流密度差异就更明显。可见，电化学沉积是一种具有电流密度选择性的沉积方式，这一局限性决定了以电化学沉积方式得到的改性组分的分布不均。因此，电化学沉积

过程中的维度控制仍是目前一个未解决的问题[317]。

5.3.1.2　Pt－TiO_2 纳米管阵列的光学性能

图 5－4 为沉积电压为－2V 时，改性体系的 UV－vis 光谱；图 5－5 为 H_2PtCl_6 溶液吸光度及由此算出的 Pt 沉积量与沉积时间的关系。由图 5－4 可知，沉积电压为－2V 时，随着沉积时间增大，改性体系的 UV－vis 光谱的吸收也逐渐增强，在 400nm 处尤其明显，因此后面的 UV－vis 分析仅选择各改性阵列在 400nm 处的吸光度值进行比较。同时，由图 5－5 可见，沉积 5s

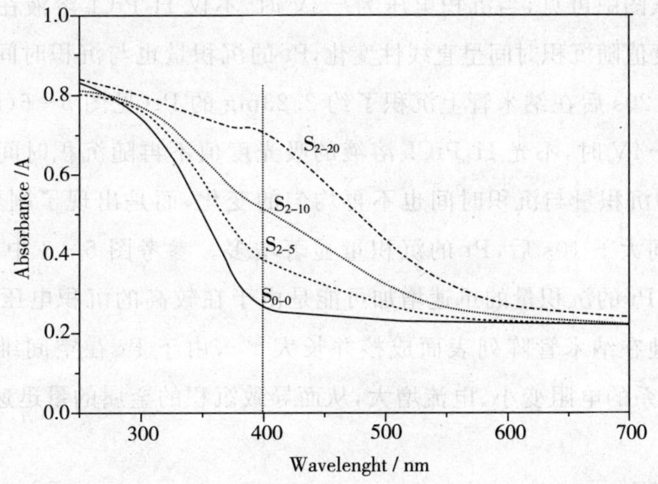

图 5－4　沉积电压为－2V 时改性体系的 UV－vis 光谱

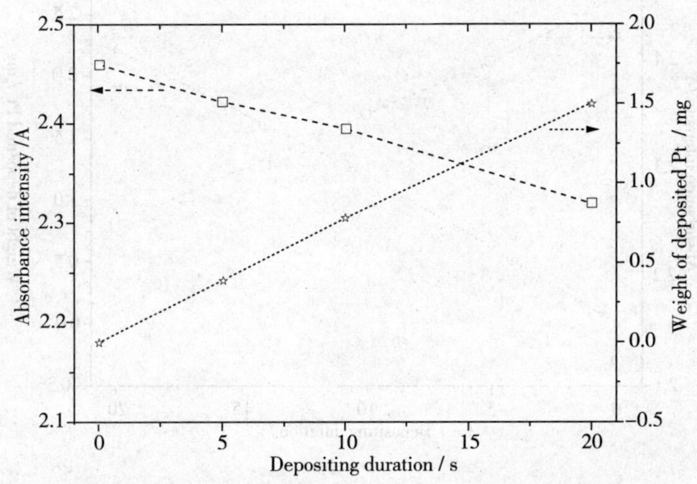

图 5－5　H_2PtCl_6 溶液吸光度、Pt 沉积量与时间的关系

时，H_2PtCl_6溶液的吸光度值降到 2.42，意味着在纳米管上沉积了 0.40mg 的 Pt；沉积 10s 时，吸光度值降到 2.39，即在纳米管上沉积了 0.79mg 的 Pt；而沉积 20s 时，溶液的吸光度下降到～2.3，即此时沉积了 1.6mg 的 Pt。在此电压下，Pt 的沉积量几乎随沉积时间成正比的变化，但是 H_2PtCl_6 溶液的吸光度随沉积时间的变化却出现了波动。

图 5-6 为当沉积电压分别为－3V、－4V 时，在不同沉积时间下 H_2PtCl_6 溶液在 λ≈255nm 处的吸光度值及由此计算得到的 Pt 沉积量随沉积时间变化关系图。从图中可见，当沉积电压为－3V 时，不仅 H_2PtCl_6 溶液在λ≈255nm 处的吸光度值随沉积时间呈直线性变化，Pt 的沉积量也与沉积时间成正比的变化，沉积 20s 后在纳米管上沉积了约 2.23mg 的 Pt(见图 5-6(a))。当沉积电压为－4V 时，不光 H_2PtCl_6 溶液的吸光度值不再随沉积时间呈直线的变化，Pt 的沉积量与沉积时间也不再均匀的变化，而是出现了剧烈的扰动：当沉积时间大于 10s 后，Pt 的沉积量显著增多。参考图 5-3 中的 S_{4-10} 和 S_{4-20} 可知，Pt 的沉积量的迅速增加可能是由于在较高的沉积电压下金属 Pt 可以快速地在纳米管阵列表面成核并长大[252]，由于 Pt 在空间维度上的变化，使得体系的电阻变小、电流增大，从而导致沉积的金属的量迅速增加。

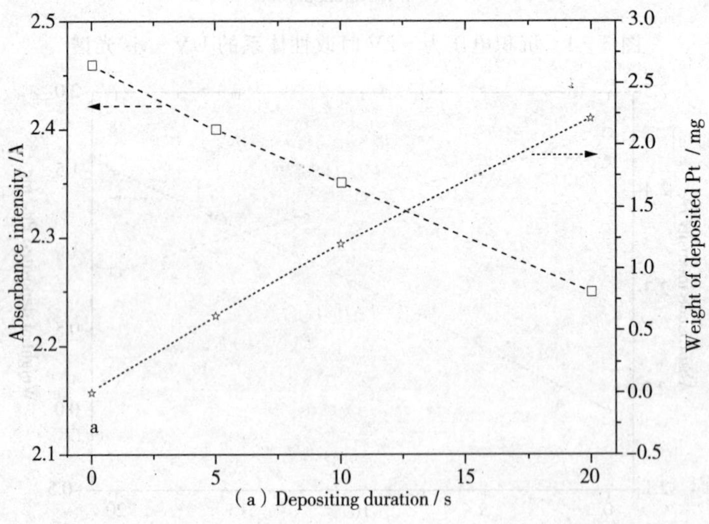

(a) Depositing duration / s

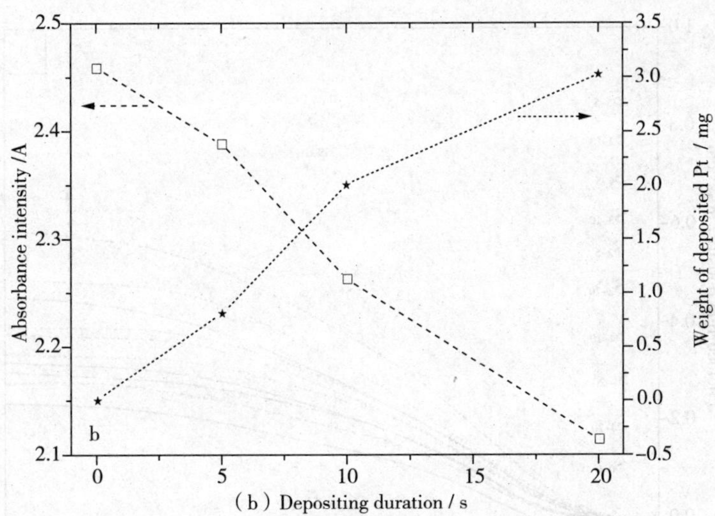

图 5-6　沉积电压分别为－3V、－4V 时 H_2PtCl_6 溶液的吸光度及 Pt 沉积量与时间的关系

(a)－3V 时；(b)－4V 时

比较图 5-5 与图 5-6 可见，沉积电压为－3V 时，H_2PtCl_6 溶液的吸光度值与 Pt 的沉积量都随沉积时间呈直线性变化，而其他二者却都出现不同程度的波动。因此，在后续 Pt 改性过程中以－3V 进行沉积改性。

5.3.1.3　Pt-TiO_2 纳米管阵列的光电性能

图 5-7 为不同沉积电压、不同沉积时间下 Pt-TiO_2 改性阵列的光电流曲线及最大光电流与沉积时间的变化关系。从图 5-7(a)可知，当 TiO_2 纳米管上沉积了 Pt 以后，其光电流和开路电压都比未沉积时的要大。从图 5-7(b)可以看到，无论沉积电压是－2V、－3V 还是－4V，改性体系的光电流都是先随着沉积时间的增加而增加，然后下降。当沉积电压为－2.0V 时，沉积 10s 后的改性阵列的光电流最大，沉积时间小于或大于 10s 都导致光电流下降；当沉积电压大于 2.0V 时，沉积时间为 5s 时，其光电流便可以达到最大值，大于 5s 后其光电流便显著下降，而且沉积电压为－4V 时，其光电流下降更加明显。

当 TiO_2 纳米管担载上一定的金属 Pt 后，在金属与半导体材料的接触界面将形成具有整流作用的 Schottky 结，空间电荷层电场仅允许电荷由半导体向金属一侧传递。电荷的单向流动性有效地促进光生电子-空穴对的有

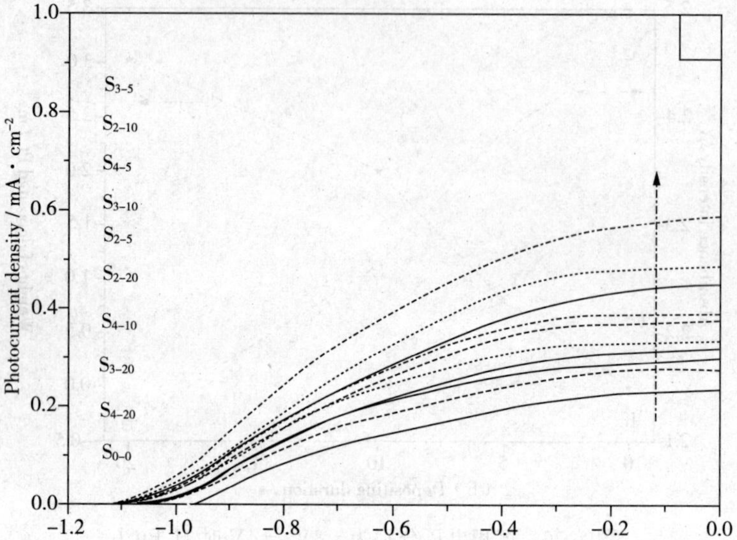

(a) Potential / Vvs . Ag/AgC1

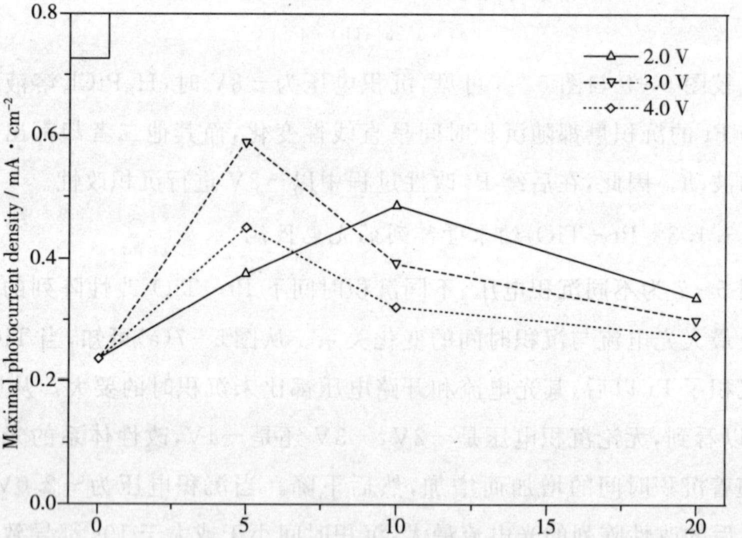

(b) Depositing duration / s

图 5-7　不同沉积电压、不同沉积时间下 Pt-TiO_2改性阵列的光电流曲线及最大光电流与沉积时间的变化关系

(a)不同沉积电压、不同时间下 Pt-TiO_2的光电流曲线

(b)最大光电流与沉积时间关系

效分离，从而使得半导体与金属接触面两侧的电场增大，提升了开路电压。而且，沉积组分在纳米管上分布越均匀、结合越紧密，其电荷分离性能越好。

从宏观上说，电化学沉积量与沉积电压、沉积时间是成比例地增加的，电压越大，单位时间内沉积的金属就越多；沉积电压一定时，时间越长，沉积量也就越多。从微观上说，电化学沉积的成核过程是个瞬态过程，电压越大，晶核的成长就越快，因而所沉积的颗粒粒径分布以及在纳米管阵列上的分布也越不均匀；当沉积电压一定时，随着沉积时间的延长，晶核也逐渐长大，因而颗粒粒径分布也变得愈发不均匀。当所沉积的金属过量时，金属颗粒会堵塞纳米管阵列，其性能便会迅速下降[28,35]。由于$PtCl_6^{2-}/Pt$的标准电势为0.775V[319]，考虑Pt沉积时的过电势，Pt的沉积电压应在2V～3V，在此电压下沉积时间为5s～10s范围内。当电压大于这一值时，所沉积的金属颗粒就越大且在纳米管上分布越不均匀，因此其性能也会下降(图5-7(b))。对于$CdSe/CdS/TiO_2$纳米阵列而言，由于纳米管内已沉积有CdS/CdSe，所以在后续实验中沉积电压选择3V，沉积时间为2s。

5.3.1.4 不同负载方式对$Pt-TiO_2$纳米阵列性能的影响

为了比较不同改性方式对改性阵列的光电性能的影响，本文以同样浓度的H_2PtCl_6为前驱体制备了直径约为3.5nm的金属Pt纳米颗粒(图5-8(a))，并以之对纳米管阵列进行改性。从图中可以看出，加上的金属纳米颗粒在纳米管上分布很不均匀，并发生了团聚——这种团聚是由于胶体的稳定环境发生改变而导致的。

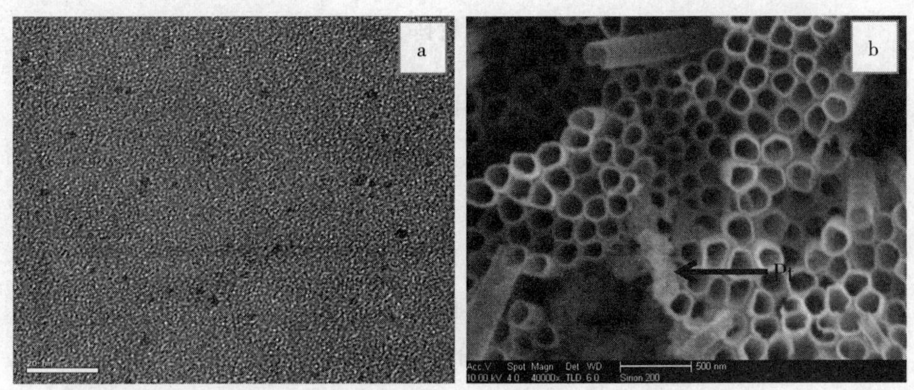

图5-8 Pt纳米颗粒及以之改性的TiO_2纳米管阵列(图(a)中标尺为20nm)

(a)Pt纳米颗粒；(b)Pt纳米颗粒改性后的TiO_2纳米管阵列

图5-9为改性阵列与沉积电压为3V时沉积5min后的试样及空白TiO_2纳米管的$I-V$曲线。可见，当纳米管阵列上附有Pt时，其开路电压和

光电流都变大，其中以电化学沉积方式得到的改性阵列的开路电压和光电流更大。这一结果也进一步说明以纳米颗粒进行改性时，由于团聚的发生，使得纳米颗粒在改性基体上分布不均匀，从而导致其性能下降。

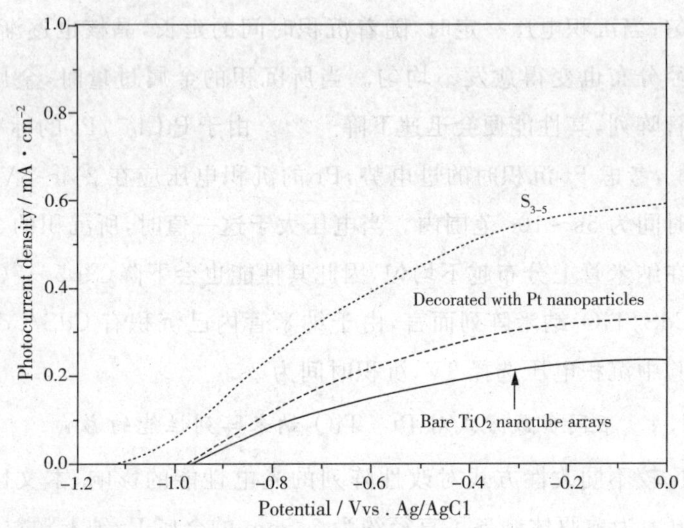

图 5－9　Pt 纳米颗粒改性、沉积电压为 3V 沉积 5min 改性及 TiO_2 纳米管的 $I-V$ 曲线

5.3.2　Pt－CdSe/CdS/TiO_2 纳米管阵列的表征

5.3.2.1　Pt－CdSe/CdS/TiO_2 材料的微观结构

图 5－10 为 Pt 沉积改性后的 CdSe/CdS/TiO_2 阵列的扫描电镜照片，其中各试样中所沉积的 CdS、CdSe 厚度不同。对于 $S_{0.2-0.3}$’而言，即对于以 0.2mol/L 的 Cd^{2+} 沉积 CdS 和 0.3mol/L 的 Cd^{2+} 沉积 CdSe 的 CdSe/CdS/TiO_2 的复合体系而言，在沉积电压为 3V、沉积时间为 2s 时，纳米管阵列表面沉积了粒径大约为 30nm 的 Pt 颗粒，其中部分出现团聚（见图 5－10 中的 $S_{0.2-0.3}$’）。对于 $S_{0.7-0.6}$’而言，当沉积 2s 后，其表面被一层纳米颗粒所覆盖，其平均粒径为 34nm。对于 $S_{0.5-0.45}$’而言，沉积 2s 后，在其表面附着有大量的纳米级颗粒，此时尚可以看出纳米管阵列凹凸的孔洞结构。对于 $S_{0.5-0.6}$’来说，当沉积 2s 后，可以看见在纳米空洞的凹陷处沉积有大量的金属颗粒。

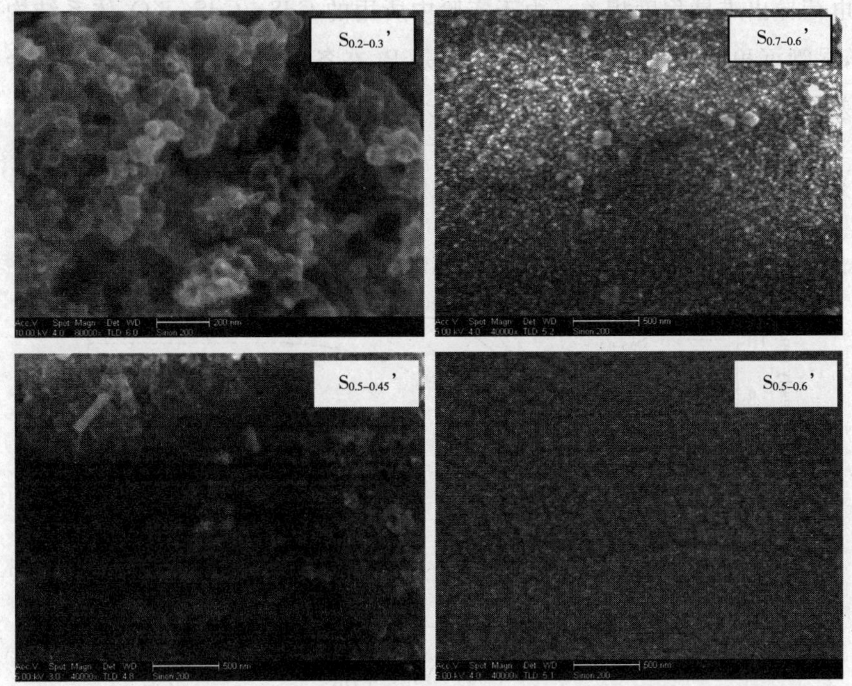

图 5-10　不同厚度 CdS、CdSe 的 $CdSe/CdS/TiO_2$ 的
Pt 沉积改性阵列的 SEM 照片

5.3.2.2　Pt-$CdSe/CdS/TiO_2$ 材料的光学性能

图 5-11 为 Pt-$CdSe/CdS/TiO_2$ 体系的 $I-V$ 曲线以及改性前后 $CdSe/CdS/TiO_2$ 复合体系的最大光电流变化情况。由图中可知，当在 $CdSe/CdS/TiO_2$ 体系上沉积 Pt 后，其开路电压和最大光电流都有一定的提升，但是不同体系其变化程度是不一样的。其中，$S_{0.2-0.3}$'的增大最明显，$S_{0.5-0.45}$'次之，$S_{0.7-0.6}$'和 $S_{0.5-0.6}$'最弱。改性前 $S_{0.5-0.45}$ 和 $S_{0.5-0.6}$ 的最大光电流相差很大，然而改性后二者的最大光电流几乎是一样的；对于 $S_{0.2-0.3}$ 和 $S_{0.7-0.6}$ 来说，改性前 $S_{0.7-0.6}$ 的最大光电流较 $S_{0.2-0.3}$ 的更大些，然而改性后却相反。

研究已证明，当金属 Pt 担载在半导体材料上时，其接触界面就形成 Schottky 结。由于 Schottky 结具有一定的能垒，电荷只能由半导体向金属流动，因而有效地促进光生电子-空穴对的分离。同时，金属对半导体材料性能的促进作用与其在半导体材料上的分布状况、结合紧密性及改性体系的电荷导出难易程度相关。由于实验中所用的 $CdSe/CdS/TiO_2$ 体系结构不同,尽管沉积电压和沉积时间一致,但是 Pt 在各试样上的沉积情况也就会出现差异。当所沉积的金属颗粒堵塞纳米管阵列时,其性能会下降[28,35]。

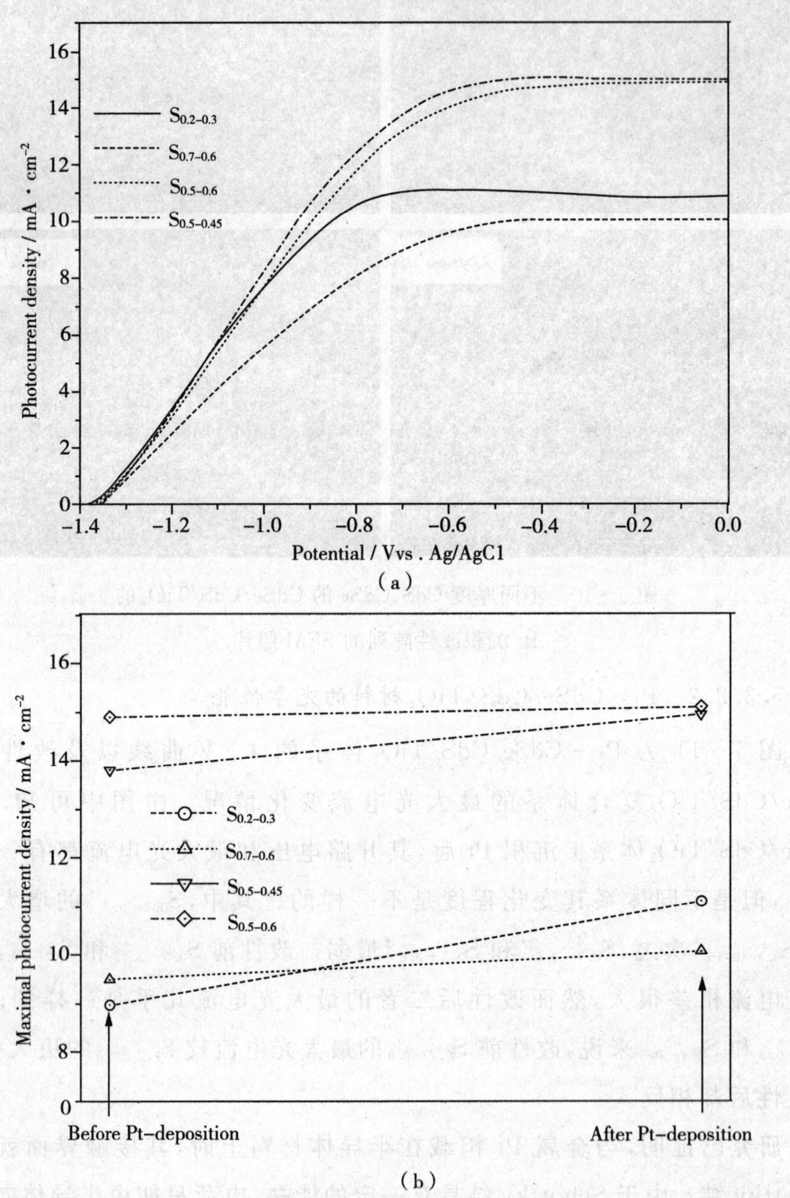

图 5-11 Pt-$CdSe/CdS/TiO_2$体系的 $I-V$ 曲线及改性前后最大光电流

(a) $I-V$ 曲线;(b)改性前后最大光电流

5.4 本章小结

以 Pt 为沉积金属，通过电化学沉积的方式分别对 TiO_2 纳米管及含有不同厚度的 CdSe 及 CdS 的 $CdSe/CdS/TiO_2$ 纳米管改性阵列进行了金属沉积改性。通过实验得到如下结论：

(1)电化学沉积金属材料时，沉积电压不能偏离其相应的电极电势过大，偏离越大，沉积过程就越迅速，因而所沉积的金属颗粒的粒度就越不均匀，金属在基体上的分布也越不均匀，因而所得到的改性材料的光电性能也越差。

(2)当沉积电压一定时，沉积金属颗粒随沉积时间延长而长大。沉积时间越长，所获得的金属颗粒的粒度分布就越宽，团聚越明显。

(3)电化学沉积方式所得到的 TiO_2 改性材料其性能比以金属纳米颗粒涂布在 TiO_2 纳米管上进行改性的方式更有效，所得到的材料的性能更好。

(4)改性材料的光学性能及光电性能不仅与金属的沉积量相关，也和改性基体自身的形貌特点相关。通常而言，改性材料的性能会随着沉积金属的量先增强，然后下降。

第6章 全文总结与展望

6.1 总 结

高度有序的 TiO_2 纳米阵列薄膜由于其特殊的结构，使得它具有优异的光能俘获特性、优异的电荷分离和传递特性。因此，在半导体光电解水制氢、传感器、染料敏化电池、光催化还原 CO_2 制碳氢燃料、光催化降解有机污染物等方面有极大的潜在应用。然而，其自身的不足决定了只有对它实施改性才能够实现效用的最大化。调控 TiO_2 纳米管的结构，以获得有利于后续改性的 TiO_2 纳米管是改性的前提；选择适宜的材料对纳米管阵列实施改性，是实现 TiO_2 纳米管阵列效用最大化的基础；控制沉积过程，使沉积成分与纳米管接触紧密、均匀、接触面积最大化是改性的关键。因此，如何通过制备步骤获得理想的 TiO_2 纳米管，并对之实施有效的改性已经成为 TiO_2 纳米管应用的核心。通过阳极氧化电流密度与纳米管阵列形貌的关系，获得高度有序、便于后续改性的纳米管。然后，通过把握 CdS、CdSe 在 TiO_2 纳米管中的沉积机理，实现 CdS、CdSe 及（CdS＋CdSe）在纳米管内的可控构筑，并进一步沉积金属 Pt 以提高其性能。主要结论如下：

(1)在 TiO_2 纳米管阵列制备过程中，电流密度过小，所得到的膜厚度小，有序度低，管状结构差；电流密度过大，虽然膜厚度更大些，但纳米管状结构凌乱，有序性下降。～30.0mA/cm^2 的电流密度下所制备的 TiO_2 纳米管阵列的有序度更高、管壁厚度均匀、膜厚度大。

(2)以化学沉积的方式将 CdS、CdSe 沉积在 TiO_2 纳米管内时,由于 Cd^{2+} 浓度不同,导致 CdS 与 CdSe 在纳米管内的沉积机理不同:当浓度小时,纳米管壁上的晶格缺陷将诱导异相成核反应发生,此时所生成的晶核通过与管壁上接触来提高其稳定性,因此所形成的 CdS 和 CdSe 纳米材料附着在纳米管壁上,沉积材料生长的方向指向纳米管中央;当浓度大时,由于瞬时生成大量的晶核缩短了晶核间的距离,导致更多的有效碰撞,因而晶核极易团聚长大并在重力的作用下沉淀,所以沉积材料生长的方向指向纳米管壁和管口。

(3)对于以 CdS 和 CdSe 改性的 TiO_2 纳米管阵列而言,改性体系在紫外光区到可见光区的光吸收随着 CdS、CdSe 在纳米管内沉积的量的增加而显著增强,体系的光学能带隙逐渐下降;体系的光电性能随着沉积的 CdS、CdSe 的量先增加然后下降。

(4)在对 TiO_2 纳米管实施 CdS－CdSe 共沉积改性时发现,在纳米级空间内发生的反应有别于传统器皿中的反应,此时离子从纳米管外向纳米管内迁移的过程成了反应的控制步骤。在一定范围内,共改性体系的光电性能随着 CdS 层和 CdSe 层厚度的增加而变得更好。从改性体系的内径上说,当其内径为 25nm～40nm 时,其光电性能最好。这一结果也进一步说明 TiO_2 改性体系的光电性能不仅由光生载流子的数量决定,也说明光生载流子的有效导出是决定半导体材料光电性能的主要因素:若光生载流子能够被有效导出则性能更好,如果改性材料与液体介质的接触面不利于光生载流子的导出时,虽然光生载流子增加,其光电流也将下降。

(5)以 Pt 为沉积金属,当通过电化学沉积的方式分别对 TiO_2 纳米管 CdSe/CdS/TiO_2 改性阵列进行金属沉积改性时,沉积电压不能过多的偏离其相应的电极电势。因为偏离越大,沉积过程就越迅速,导致所沉积的金属颗粒的粒度就越不均匀,金属在基体上的分布也越不均匀,所得到的改性材料的光电性能也越差。电化学沉积方式所得到的 TiO_2 改性材料其性能比以金属纳米颗粒涂布在 TiO_2 纳米管上进行改性的方式更有效,所得到的材料的性能也更好。改性材料的光学性能以及光电性能不仅与金属的沉积量相关,也与改性基体自身的形貌特点相关。

6.2 创新之处

本文的创新之处主要包括以下几个方面：

(1)首次提出了 CdSe 和 CdS 在 TiO_2 纳米管内的成核及生长机制——这一结果为在纳米级空间内功能材料的设计、构筑与剪裁提供了重要的实验依据，并以此实现了 CdSe、CdS、(CdSe+CdS)在 TiO_2 纳米管内的可控共沉积。

(2)提出在纳米级空间的容器中的化学反应有别于传统容器中的反应。在纳米级空间中，离子由容器外向容器内部迁移的过程成了反应的控制步骤。

(3)通过电化学沉积方式和将纳米颗粒加入的方式合成了 Pt 改性的 TiO_2阵列及 CdSe/CdS/TiO_2阵列；Pt 在纳米管阵列上分布越好、与基体结合越紧密，改性体系的性能越好。

(4)提出在 TiO_2 纳米管改性阵列中，载流子的有效导出面积与载流子的数量共同决定体系的光电性能，而且载流子的有效导出面积是制约光电流的主要因素。

6.3 工作展望

本文在 TiO_2 纳米管阵列的制备、改性材料在纳米管内的沉积机理及金属 Pt 在 TiO_2 纳米管及 CdSe/CdS/TiO_2 纳米管体系上的电化学沉积上取得了一些研究成果，但是随着研究的深入，也发现了一些问题有待进一步研究：

(1)虽然在阳极氧化过程中可以通过电流密度的把握来实现 TiO_2 纳米管阵列的结构调控，但是最有利于后续改性的结构并不知道，因此还需要考察 TiO_2 纳米管的结构与沉积改性后的性能之间的关系，以确定之。

(2)对于 CdSe 和 CdS 在 TiO_2 纳米管内的沉积改性而言，虽然知道了其演化规律和定性结论，但是具体的量化指标和相关的理论模型尚不清楚。

(3)关于 CdSe/CdS/TiO_2 纳米管阵列的电荷传递机制还不清楚，今后需要精确地构筑结构渐变的改性材料，以利于类似材料的电荷传输机制的把握。

参考文献

1. Hoffmann M R, Martin S T, Choi W, Bahnemann D W. Environmental applications of semiconductor photocatalysis [J]. Chem. Rev, 1995, 95: 69～96

2. Frank S N, Bard A J. Heterogeneous Photocatalytic oxidation of cyanide ion in aqueous solution at TiO_2 powder[J]. J. Am. Chem. Soc, 1977, 99:303～304

3. Grimes C A, Mor G K. TiO_2 nanotube arrays: Synthesis, properties, and applications[M]. Springer, 2009

4. Shankar K, Basham J I, Allam N K, et al. Recent advances in the use of TiO_2 nanotube and nanowire arrays for oxidative photoelectrochemistry[J]. J Phys Chem C, 2009. 113:6327～6359

5. Chen X, Mao S S. Titanium dioxide nanomaterials: Synthesis, properties, modifications, and applications[J]. Chem Rev, 2007, 107 (7): 2891～2959

6. Diebold U. The surface science of titanium dioxide[J]. Surface Science Reports, 2003, 48:53～229

7. Macak J M, Tsuchiya H, Ghicov A, et al. TiO_2 nanotubes: self-organized electrochemical formation, properties and applications[J]. Current Opinion in Solid State and Materials Science, 2007, 11:3～18

8. Tenne R, Rao C N R. Inorganic nanotubes [J]. Philosophical Transactions of the Royal Society Lond A, 2004, 362:2099～2125

9. 高濂，郑珊，张青红．纳米氧化钛光催化材料及应用[M]. 北京：化学工业出版社，2002

10. Zhu K, Neale N R, Miedaer A, et al. Enhanced charge-collection efficiencies and light scattering in dye-sensitized solar cells using oriented TiO_2 nanotube arrays[J]. Nano Lett, 2007, 7:69～74

11. Mor G K, Shankar K, Paulose M, et al. Use of highly-ordered TiO_2 nanotube arrays in dye-sensitized solar cells[J]. Nano Lett, 2006, 6(2):215～218

12. Shankar K, Bandara J, Paulose M, et al. Highly efficient solar cells using TiO_2 nanotube arrays sensitized with a donor-antenna[J]. Nano Lett, 2008, 8:1654～1659

13. Fujishima A, Honda K. Electrochemical photolysis of water at semiconductor electrode[J]. Nature, 1972, 238:37～38

14. Fujishima A, Kohayakawa K, Honda K. Hydrogen production under sunlight with an electrochemical photocell[J]. J Electrochem Soc, 1975, 122:1487～1489

15. Fujishima A, Rao T N, Tryk D A. Titanium dioxide photocatalysis[J]. J Photochem Photobiol C: Photochem Rev, 2000, 11:1～21

16. Hameed A, Gondal M A. Laser induced photocatalytic generation of hydrogen and oxygen over NiO and TiO_2[J]. J. Molecular Catalysis, 2004, 219:109～119

17. 温福宇，杨金辉，宗旭，等. 太阳能光催化制氢研究进展[J]. 化学进展，2009, 21(11):2285～2302

18. Mao S S, Chen X. Selected nanotechnologies for renewable energy applications[J]. International Journal of Energy Research, 2007, 31(6～7):619～636

19. Varghese O K, Paulose M, Shankar K, et al. Water-photolysis properties of micron-length highly-ordered titania nanotube-arrays[J]. J Nanosci Nanotechnol, 2005, 5:1158～1165

20. Mor G K, Shankar K, Paulose M, et al. Enhanced photocleavage of water using titania nanotube arrays[J]. Nano Lett, 2005, 5

(1):191～195

21. Thompson T L, Yates J T. Surface science studies of the photoactivation of TiO_2-New photochemical processes[J]. Chem Rev, 2006, 106 (10):4428～4453

22. Asahi R, Morikawa T, Ohwaki T, Aoki K, Taga Y, Visible-light photocatalysis in nitrogen-doped titanium oxides[J]. Science, 2001, 293: 269～273

23. Cozzoli P D, Comparelli R, Fanizza E, et al. Photocatalytic activity of organic-capped anatase TiO_2 nanocrystals in homogeneous organic solutions[J]. Mater Sci Engin C, 2003, C23:707～713

24. Sirghi L, Hatanaka Y. Hydrophilicity of amorphous TiO_2 ultra thin films[J], Surface Science, 2003, 530(3):L323～L327

25. Syarif D G, Miyashita A, Yamaki T, et al. Preparation of anatase and rutile thin films by controlling oxygen partial pressure[J]. Appl. Surf. Sci., 2002, 193(1～4): 287～292

26. Ranjite K T, Willner I, Bossmann S H, Braun A M, Lanthanide oxide doped titanium dioxide photocatalysts: Effective photocatalysts for the enhanced degradation of Salicylic acid and t-cinnamic acid[J]. J Catal, 2001, 204(2): 305～313

27. Macak J M, Tsuchiya H, Taveira L, et al. Smooth anodic TiO_2 nanotubes[J]. Angew. Chem., Int. Ed, 2005, 44: 7463～7465

28. Tan L K, Kumar M K, An W W, Gao H. Transparent, Well-aligned TiO_2 nanotube arrays with controllable dimensions on glass substrates for photocatalytic applications[J]. Appl Mater Interfaces, 2010, 2(2):498～503

29. Star A, Gabriel J P, Bradley K, Gruner G. Electronic detection of specific protein binding using nanotube FET devices[J]. Nano Lett, 2003, 3(4):459～463

30. Funk S, Hokkanen B, Burghaus U. Unexpected adsorption of oxygen on TiO_2 nanotube arrays: Influence of crystal structure[J]. Nano

Lett, 2007, 7(40):1091～1094

31. Rajeshwar K, Osugi M E, Chanmanee W, et al. Heterogeneous photocatalytic treatment of organic dyes in air and aqueous media[J]. J Photochem Photobiol C: Photochemistry Reviews, 2008, 9:171～192

32. Quan X, Yang S, Ruan X, et al. Preparation of titania nanotubes and their environmental applications as electrode[J]. Environ Sci Technol, 2005, 39(10): 3770～3775

33. Zhuang H F, Lin C J, Lai Y K, et al. Some critical structure factors of titanium oxide nanotube array in its photocatalytic activity[J]. Environ Sci Technol, 2007, 41(13):4735～4740

34. Zhang Z, Yuan Y, Shi G, et al. Photoelectrocatalytic activity of highly ordered TiO_2 nanotube arrays electrode for azo dye degradation[J]. Environ Sci Technol, 2007, 41(17):6259～6263

35. Srinivasan M, White T. Degradation of methylene blue by three-dimensionally ordered macroporous titania[J]. Environ Sci Techn, 2007, 41(12): 4405～4409

36. Osugi M E, Zanoni M V B, Chenthamarakshan C R, et al. Toxicity assessment and degradation of disperse azo dyes by photoelectrocatalytic oxidation on Ti/TiO_2 nanotubular array electrodes[J]. J. Adv. Oxidation Technol, 2008, 11(3) :425～434

37. Xie Y B. Photoelectrochemical application of nanotubular titania photoanode[J]. Electrochim. Acta, 2006, 51: 3399～3406

38. Awitor K O, Rafqah S, Géranton G, et al. Photo-catalysis using titanium dioxide nanotube layers[J]. J Photochem Photobiol A: Chem, 2008, 199:250～254

39. Albu S P, Ghicov A, Macak J M, et al. Self-organized, free-standing TiO_2 nanotube membrane for flow-through photocatalytic applications[J]. Nano Lett, 2007, 7(5):1286～1289

40. Macak J M, Zlamal M, Krysa J, et al. Self-organized TiO_2 nanotube layers as highly efficient photocatalysts[J]. Small, 2007, 3(2):

300～304

41. http://baike. baidu. com/view/174609. htm? fr=ala0_1

42. O'Regan B, Grätzel M. Low-cost high-efficiency solar cell based on dye-sensitized colloidal TiO_2 films[J]. Nature, 1991, 353: 737～740

43. Grätzel M. Photoelectrochemical cells [J]. Nature, 2001, 414: 338～344

44. Grätzel M. Conversion of sunlight to electric power by nanocrystalline dye-sensitized solar cells[J]. J Photochem Photobiol A: Chemi, 2004, 164:3～14

45. Ruan C, Paulose M, Varghese O K, et al. Enhanced photoelectrochemical-response in highly ordered TiO_2 nanotbue-arrays anodized in boric acid containing electrolyte[J]. Sol Energy Mater Sol Cells, 2006, 90: 1283～1295

46. Mor G K, Varghese O K, Paulose M, et al. A review on highly ordered, vertically oriented TiO_2 nanotube arrays: Fabrication, material properties, and solar energy applications[J]. Sol Energy Mater Sol Cells, 2006, 90:2011～2075

47. Paulose M, Shankar K, Grimes C A. et al. Applicatons of highly-ordered TiO_2 nanotube-arrays in heterojunction dye-sensitized solar cells [J]. Journal of Physics D: Applied Physics, 2006, 39:2498～2503

48. Wang H, Yip C T, Cheung K Y, et al. Titania-nanotube-array-based photovoltaic cells[J]. Appl Phys Lett, 2006, 89:23508～23510

49. Macak J M, Tsuchiya H, Schmuki P, et al. Dye-sensitized anodic TiO_2 nanotubes[J]. Eelectrochem Commun, 2005, 7:1133～1137

50. Mura F, Masci A, Pasquali M, Pozio A. Stable TiO_2 nanotube arrays with high UV photoconversion efficiency[J]. Electrochimica Acta, 2010, 55:2246～2251

51. Shimizu Y, Kuwano N, Hyodo T, et al. High H_2 sensing performance of anodically oxidized TiO_2 film contacted with Pd [J]. Sensors and Actuators, 2002, 83:195～201

52. Carotta C, Ferroni M, Gnani D, et al. Nanostructured pure and Nb-doped TiO_2 as thick film gas sensors for environmental monitoring[J]. Sensors and Actuators B, 1999, 58:310～317

53. Kirner U, Schierbaum K D, Göpel W, et al. Low and high temperature TiO_2 oxygen sensors[J]. Sensors and Actuators, 1990, B1: 103～107

54. Madou M J, Morrison S R. Chemical sensing with solid state devices[M]. New York: Academic Press, 1989

55. Wang C C, Akbar S A, Madou M J. Ceramic based resistive sensors[J]. Journal of Electroceramics, 1998, 2(4): 273～282

56. Varghese O K, Gong D, Paulose M, et al. Extreme changes in the electrical resistance of titania nanotubes with hydrogen exposure[J]. Adv Mater, 2003, 15:624～627

57. Varghese O K, Gong D, Paulose M, et al. Hydrogen sensing using titania nanotubes[J]. Sensors and Actuators B: Chemical, 2003, 93: 338～344

58. Raupp G B, Dumesic J A. Adsorption of CO, CO_2, H_2 and H_2O on titania surfaces with different oxidation states[J]. J. Phys. Chem, 1985, 89 (24):5240～5246

59. Bates J B, Wang J C, Perkins R A. Mechanisms for hydrogen diffusion in TiO_2[J]. Phys. Rev. B, 1979, 19 (8) 4130～4139

60. Mor G K, Varghese O K, Paulose M, Grimes C A. A self-cleaning, room-temperature titania-nanotube hydrogen gas sensor [J]. Sensor Letters, 2003, 1:42～46

61. Comini E , Guidi V , Frigeri C, et al. CO sensing properties of titanium and iron oxide nanosized thin films[J]. Sensors and Actuators B: Chemical, 2001, 77 (1～2) :16～21

62. Garzella C, Comini E, Tempesti E, et al. TiO_2 thin films by a novel sol gel processing for gas sensor applications [J]. Sensors and Actuators, 2000, 68(1～3):189～196

63. Sberveglieri G, Comini E, Faglia G, et al. Titanium dioxide thin films prepared for alcohol microsensor applications[J]. Sensors and Actuators B:Chemical, 2000, B66(1～3):139～141

64. Tang H, Prasad K, Sanjines R, et al. TiO_2 anatase thin films as gas sensors[J]. Sens. Actuators B:Chemical, 1995, 26:71～75

65. Yadav B C, Shukla R K, Bali L M. Sol-gel processed TiO_2 films on U-shaped glass-rods as optical humidity sensor[J]. Indian Journal of Pure and Applied Physics, 2005, 43(1): 51～55

66. Bavykin D, Lapkin A, Plucinski P, et al. Intercalation of molecular hydrogen into the walls of multilayered TiO_2 nanotubes[J]. J Phys Chem B, 2005, 109:19422～19427

67. Lim S H, Luo J, Zhong Z, Ji W, Lin J. Room-temperature hydrogen uptake by TiO_2 nanotubes[J]. Inorg Chem, 2005, 44: 4124～4126

68. Mun K-S, Alvarez S D, Choi W-Y, Sailor M J. A stable, label-free optical interferometric biosensor based on TiO_2 nanotube arrays[J]. ACS Nano, 2010, 4(4): 2070～2076

69. Liu S, Chen A. Coadsorption of horseradish peroxidase with thionine on TiO_2 nanotubes for biosensing[J]. Langmuir, 2005, 21(18): 8409～8413

70. Brammer K S, Oh S, Cobb C J, et al. Improved bone-forming functionality on diameter-controlled TiO_2 nanotube surface[J]. Acta Biomaterialia, 2009, 5(8):3215～3223

71. Fahim N F, Morks M F, Sekino T. Electrochemical synthesis of silica-doped high aspect-ratio titania nanotubes as nanobioceramics for implant applications[J]. Electrochimica Acta, 2009, 54(12):3255～3269

72. Kar A, Raja K S, Misra M. Electrodeposition of hydroxyapatite onto nanotubular TiO_2 for implant applications[J]. Surface and Coatings Technology, 2006, 201(6):3723～3731

73. Popat K C, Eltgroth M, LaTempa T J, Grimes C A, Desai TA. Titania nanotubes: a novel platform for drug-eluting coatings for medical

implants. Small, 2007, 3:1878～1881

74. Peng L, Barczak A J, Barbeau R A, et al. Whole genome expression analysis reveals differential effects of TiO_2 nanotubes on vascular cells[J]. Nano Lett., 2010, 10 (1): 143～148

75. Crawford G A, Chawla N, Houston J E. Nanomechanics of biocompatible TiO_2 nanotubes by interfacial force microscopy (IFM)[J]. Journal of the Mechanical Behavior of Biomedical Materials, 2009, 2(6): 580～587

76. Oh S H, Finones R R, Daraio C, et al. Growth of nano-scale hydroxyapatite using chemically treated titanium oxide nanotubes[J]. Biomaterials, 2005, 24:4938～4943

77. Tsuchiya H, Macak J, Müller L, et al. Hydroxyapatite growth on anodic TiO_2 nanotubes[J]. J. Biomed. Mater. Res, 2006, 77A (2):534～541

78. Raja K S, Misra M, Paramguru K. Deposition of calcium phosphate coating on nanotubular anodized titanium[J]. Mater Lett, 2005, 59: 2137～2141

79. Wang Y, Tao J, Wang L, et al. HA coating on titanium with nanotubular anodized TiO_2 intermediate layer via electrochemical deposition [J]. Trans. Nonferrous Mer. Soc. China, 2008, 18:631～635

80. Sul Y T, Johansson C B, Jeong Y, et al. The electrochemical oxide growth behaviour on titanium in acid and alkaline electrolytes[J]. Medical Engineering & Physics, 2001, 23:329～346

81. Ghicov A, Tsuchiya H, Hahn R, et al. TiO_2 nanotubes: H^+ insertion and strong electrochromic effects[J]. Electrochem Commun, 2006, 8(4):528～532

82. Prida V M, Hernández-Vélez M, Pirota K R, et al. Synthesis and magnetic properties of Ni nanocylinders in self-aligned and randomly disordered grown titania nanotubes[J]. Nanotechology, 2005, 16:2696～3406

83. Varghese O K, Paulose M, LaTempa T J, et al. High-rate solar

photocatalytic conversion of CO_2 and water vapor to hydrocarbon fuels[J]. Nano Lett，2009，9(2)：731～737

84. Lee J，Ju H K，Lee J K，et al. Atomic layer deposition of TiO_2 nanotubes and its improved electrostatic capacitance[J]. Electrochem Commun，2010，12：210～212

85. Turkevych I，Pihosh Y，Goto M，et al. Photocatalytic properties of titanium dioxide sputtered on a nanostructured substrate[J]. Thin Solid Films，2008，516(9)：2387～2391

86. 蒋武锋，凌云汉，白新德，等．原位模板法在铝基底上制备 TiO_2 纳米管阵列薄膜[J]. 稀有金属材料与工程，2007，36(7)：1178～1180

87. Guo Y G，Hu J S，Liang H P，et al. TiO_2-based composite nanotube arrays prepared via layer-by-layer assembly[J]. Adv. Func. Mater，2005，196～202

88. Michailowski A，AlMawlawi D，Cheng G S，Moskovits M. Highly regular anatase nanotube arrays fabricated in porous anodic templates[J]. Chem Phys Lett，2001，349：1～5

89. Lee J H，Leu I C，Hsu M C，et al. Fabrication ofaligned TiO_2 one-dimensional nanostructured arrays using a one-step templating solution approach[J]. J Phys Chem B，2005，109(27)：13056～13059

90. Qiu J，Yu W，Gao X，Li X，Sol-gel assisted ZnO nanorod array template to synthesize TiO_2 nanotube arrays[J]. Nanotechnology，2006，17：4695～4698

91. Qiu J，Jin Z，Liu Z，et al. Fabrication of TiO_2 nanotube film by well-aligned ZnO nanorod array film and sol-gel process[J]. Thin Solid Films，2007，515：2897～2902

92. Na S I，Kim S S，Hong W K，et al. Fabrication of TiO_2 nanotubes by using electrodeposited ZnO nanorod template and their application to hybrid solar cells[J]. Electrochimica Acta，2008，53：2560～2566

93. Hoyer P. Formation of a titanium dioxide nanotube arrays[J]. Langmuir，1996，12：1411～1413

94. Rattanavoravipa T, Sagawa T, Yoshikawa S. Photovoltaic performance of hybrid solar cell with TiO_2 nanotubes arrays fabricated through liquid deposition using ZnO template[J]. Sol Energy Mater Sol Cells, 2008, 92:1445～1449

95. Zwilling V, Aucouturier M, Darque-Ceretti E. Anodic oxidation of titanium and TA6V alloy in chromic media. An electrochemical approach [J]. Electrochimica Acta, 1999, 45:921～929

96. Gong D, Grimes C A, Varghese O K, et al. Titanium oxide nanotube arrays prepared by anodic oxidation[J]. J. Mater. Res, 2001, 16:3331～3334

97. Beranek R, Hildebrand H, Schmuki P. Self-organized porous titanium oxide prepared in H_2SO_4/HF electrolytes[J]. Electrochemical and Solid-State Letters, 2003, 6:B12-B14 Macak J M, Tsuchiya H, Berger S, et al. On wafer TiO_2 nanotube-layer formation by anodization of Ti-films on Si[J]. Chem Phys Lett, 2006, 428:421～425(H_2SO_4＋HF体系)

98. Li Y, Yu X, Yang Q. Fabrication of TiO_2 Nanotube Thin Films and Their Gas Sensing Properties[J]. Journal of Sensors, 2009, 2009:1～19

99. Macak J M, Hildebrand H, Marten-Jahns U, Schmuki P, Mechanistic aspects and growth of large diameter self-organized TiO_2 nanotubes[J]. J Electroanal Chem, 2008, 621:254～266

100. 孙岚,李静,庄惠芳,等. TiO_2纳米管阵列的制备、改性及其应用研究进展[J]. Chinese Journal of Inorganic Chemistry, 2007, 23(11):1841～1850

101. Mor G K, Varghese O K, Paulose M, et al. Fabrication of tapered, conical-shaped titania nanotubes [J]. Journal of Materials Research, 2003, 18(11):2588～2593

102. Ruan C, Paulose M, Varghese O K, et al. Fabrication of highly ordered TiO_2 nanotube arrays using an organic electrolyte[J]. J Phys Chem B, 2005, 109(33):15754～15759

103. Mor G K, Carvalho M A, Varghese O K, et al. A room-temperature TiO_2-nanotube hydrogen sensor able to self-clean photoactively from

environmental contamination[J]. Journal of Materials Research, 2004, 19(2): 628～634

104. Xiao P, Garcia B B, Guo Q, et al. TiO_2 nanotube arrays fabricated by anodization in different electrolytes for biosensing[J]. Electrochem Commun, 2007, 9:2441～2447

105. RajaK S, Gandhi T, Misra M. Effect of water content of ethylene glycol as electrolyte for synthesis of ordered titania nanotubes[J]. Electrochem Commun, 2007, 9:1069～1076

106. Zwilling V, Darque-Ceretti E, Boutry-Forveille A, et al. Structure and physicochemistry of anodic oxide films on titanium and TA6V alloy[J]. Surf Interface Anal, 1999, 27:629～637

107. Tsuchiya H, Macak JM, Taveira L, et al. Self-organized TiO_2 nanotubes prepared in ammonium fluoride containing acetic acid electrolytes[J]. Electrochem Commun, 2005, 7:576～580

108. Bauer S, Kleber S, Schmuki P. TiO_2 nanotubes: tailoring the geometry in H_3PO_4/HF electrolytes[J]. Electrochem Commun, 2006, 8: 1321～1325

109. Premchand Y D, Djenizian T, Vacandio F, Knauth P. Fabrication ofself-organized TiO_2 nanotubes from columnar titanium thin films sputtered on semiconductor surfaces[J]. Electrochem Commun, 2006, 8:1840～1844

110. Macak J, Taveira L, Tsuchiya H, Sirotna K, Schmuki P. Influence of different fluoride containing electrolytes on the formation of self-organized titania nanotubes by Ti anodization[J]. Journal of Electroceramics, 2006, 16:29～34

111. Mura F, Masci A, Pasquali M, Pozio A. Stable TiO_2 nanotube arrays with high UV photoconversion efficiency[J]. Electrochimica Acta, 2010, 55:2246～2251

112. Yu X, Li Y, Wlodarski W, et al. Fabrication of nanostructured TiO_2 by anodization: A comparison between electrolytes and substrates

[J]. Sensors and Actuators B: Chemical, 2008, 130(1):25~31

113. Singh S, Festin M, Barden W R T, et al. Universal method for the fabrication of detachable ultrathin films of several transition metal oxides[J]. ACS Nano, 2008, 2(11):2363~2373

114. Hahn R, Macak J. M, Schmuki P. Rapid anodic growth of TiO_2 and WO_3 nanotubes in fluoride free electrolytes[J]. Electrochem Commun, 2007, 9(5):947~952

115. Chen X, Schriver M, Suen T, Mao S S. Fabrication of 10 nm diameter TiO_2 nanotube arrays by titanium anodization[J]. Thin Solid Films, 2007, 515(24):8511~8514

116. Richter C, Wu Z, Panaitescu E, et al. Ultrahigh-aspect-ratio titania nanotubes[J]. Adv. Mater, 2007, 19: 946~948

117. Allam N K, Grimes C A. Formation of vertically oriented TiO_2 nanotube arrays using a fluoride free HCl aqueous electrolyte[J]. J. Phys. Chem. C, 2007, 111:13028~13032

118. Nguyen Q A, Bhargava Y V, Devine T. M. Titania nanotube formation in chloride and bromide containing electrolytes[J]. Electrochem Commun, 2008, 10(3):471~475

119. Dale G R, Hamilton J W J, Dunlop P S M, et al. Electrochemical growth of titanium oxide nanotubes: The effect of surface roughness and applied potential[J]. J Nanosci Nanotechn, 2009, 9(7): 4215~4219

120. Paulose M, Shankar K, Yoriya S, et al. Anodic growth of highly ordered TiO_2 nanotube arrays to 134 μm in length[J]. J. Phys. Chem. B, 2006, 110: 16179~16184

121. MacakJ M, Schmuki P. Anodic growth of self-organized anodic TiO_2 nanotubes in viscous electrolytes[J]. Electrochimica Acta, 2006, 52 : 1258~1264

122. Shankar K, Mor G K, Fitzgerald A, et al. Cation effect on the electrochemical formation of very high aspect ratio TiO_2 nanotube arrays in formamide-water mixtures[J]. J. Phys. Chem. C, 2007, 111:21~26

123. Yoriya S, Paulose M, Varghese O K, et al. Fabrication of vertically oriented TiO_2 nanotube arrays using dimethyl sulfoxide electrolytes[J]. J. Phys. Chem. C, 2007, 111:13770～13776

124. Paulose M, Prakasam H E, Varghese O K, et al. TiO_2 nanotube arrays of 1000 μm length by anodization of titanium foil: phenol red diffusion[J]. J. Phys. Chem. C, 2007, 111: 14992～14997

125. Yoriya S, Grimes C A. Self-assembled TiO_2 nanotube arrays by anodization of titanium in diethylene glycol: approach to extended pore widening[J]. Langmuir, 2010, 26 (1): 417～420

126. Kaneco S, Chen Y, Wwsterhoff P, Crittenden J C. Fabrication of uniform size titanium dioxide nanotubes: Impact of current density and solution conditions[J]. Scripta Materalia, 2007, 56:373～376

127. Wu Z, Guo S, Wang H, Liu Y. Synthesis of immobilized TiO_2 nanowires by anodation oxidation and their gas phase photocatalytic properties[J]. Electrochem Commun, 2009, 11:1692～1695

128. Lockman Z, Sreekantan S, Ismail S, et al. Influence of anodisation voltage on the dimension of titania nanotubes[J]. Journal of Alloys and Compounds, dio:10.1016/J.jallcom, 2009,12:093

129. Tang X, Li D. Fabrication, Geometry, and mechanical properties of highly ordered TiO_2 nanotubular arrays[J]. J. Phys. Chem. C, 2009, 113 (17):7107～7113

130. Sun L, Zhang S, Sun X W, He X. Effect of electric field strength on the length of anodized titania dioxide nanotube arrays[J]. J Electroanal Chem, 2009, 637:6～12

131. Prida V M, Manova E, Vega V, et al. Temperature influence on the anodic growth of self-aligned titanium dioxide nanotube arrays[J]. J Magnetism Magnetic Mater, 2007,316: 110～113

132. Allam N K, Grimes C A. Effect of cathode material on the morphology and photoelectrochemical properties of vertically oriented TiO_2 nanotube arrays[J]. Sol Energy Mater Sol Cells,2008,92: 1468～1475

133. Kim W-G, Choe H-C, Ko Y-M, Brantley W A. Nanotube morphology changes for Ti-Zr alloys as Zr content increases[J]. Thin Solid Films, 2009, 517(17):5033～5037

134. Kim D, Fujimoto S, Schmuki P, Tsuchiya H. Nitrogen doped anodic TiO_2 nanotubes grown from nitrogen-containing Ti alloys[J]. Electrochem Commun, 2008, 10(6):910～913

135. Macak J M, Tsuchiya H, Taveira L, et al. Self-organized nanotubular oxide layers on Ti-6Al-7Nb and Ti-6Al-4V formed by anodization in NH_4F solutions [J]. Journal of Biomedical Materials Research Part A, 2005, 75(4):928～933

136. Chu S-Z, Inoue S, Wada K, et al. Highly porous (TiO_2-SiO_2-TeO_2)/Al_2O_3/TiO_2 composite nanostructures on glass with enhanced photocatalysis fabricated by anodization and sol-gel process [J]. J. Phys. Chem. B, 2003, 107(27): 6586～6589

137. Perez-Blanco J M, Barber G D. Ambient atmosphere bonding of titanium foil to a transparent conductive oxide and anodic growth of titanium dioxide nanotubes[J]. Sol Energy Mater Sol Cells, 2008, 92(9): 997～1002

138. Mor G K, Varghese O K, Paulose M, Grimes C A. Transparent highly ordered TiO_2 nanotube arrays via anodization of titanium thin films [J]. Adv Funct Mater, 2005, 15:1291～1296

139. Sadek A Z, Zheng H, Latham K, et al. Anodization of Ti thin film deposited on ITO[J]. Langmuir, 2009, 25:509～514

140. Liu Z, Pesic B, Raja K S, et al. Hydrogen generation under sunlight by self ordered TiO_2 nanotube arrays[J]. International Journal of Hydrogen Energy, 2009, 34(8):3250～3257

141. Sohn Y S, Smith Y R, Misra M, et al. Electrochemically assisted photocatalytic degradation of methyl orange using anodized titanium dioxide nanotubes[J]. Appl Catal B: Environ, 2008, 84(3～4):372～378

142. 庄惠芳，赖跃坤，李静，等．高度有序的二氧化钛纳米管阵列的

制备及其光催化活性的研究[J]. 化学学报，2007，65(21):2363～2369

143. Mohapatra S. K，Misra M，Mahajan V K，Raja K S. A novel method for the synthesis of titania nanotubes using sonoelectrochemical method and its application for photoelectrochemical splitting of water[J]. J Catal，2007，246(2):362～369

144. Zhang G，Huang H，Zhang Y，et al. Highly ordered nanoporous TiO_2 and its photocatalytic properties[J]. Electrochem Commun，2007，9(12):2854～2858

145. Prakasam H E，Shankar K，Paulose M，et al. A new benchmark for TiO_2 nanotube array growth by anodization[J]. J. Phys. Chem. C，2007，111 (20):7235～7241

146. Yang Y，Wang X，Li L. Synthesis and growth mechanism of graded TiO_2 nanotube arrays by two-step anodization[J]. Mater Sci Engin：B，2008，149(1):58～62

147. Chanmanee W，Watcharenwong A，Chenthamarakshan C R，et al. Formation and characterization of self-organized TiO_2 nanotube arrays by pulse anodization[J]. J. Am. Chem. Soc，2008，130(3)：965～974

148. Lee J，Orilall M C，Warren S C，et al. Direct access to thermally stable and highly crystalline mesoporous transition-metal oxides with uniform pores[J]. Nature Mater，2008，7:222～228

149. Ohtani B，Ogawa Y，Nishimoto S. Photocatalytic activity of amorphous-anatase mixture of titanium (IV) oxide particles suspended in aqueous solutions[J]. J Phys Chem B，1997，101:3746～3752

150. Ghicov A，Tsuchiya H，Macak J M，Schmuki P. Annealing effects on the photoresponse of TiO_2 nanotubes[J]. Phys Stat Sol，2006，203:R28～R30

151. Yu J，Wang B. Effect of calcination temperature on morphology and photoelectrochemical properties of anodized titanium dioxide nanotube arrays[J]. Appl Catal B：Environ，2010，94(3～4):295～302

152. Allam N K，Shankar K，Grimes C A. A general method for the

anodic formation of crystalline metal oxide nanotube arrays without the use of thermal annealing[J]. Adv Mater, 2008, 20(20):3942～3946

153. Toivola M, Halme J, Miettunen K, et al. Nanostructured dye solar cells on flexible substrates-Review [J]. International Journal of Energy Research, 2009, 33(13):1145～1160

154. Jennings J. R, Ghicov A, Peter L. M, et al. Dye-sensitized solar cells based on oriented TiO_2 nanotube arrays: transport, trapping, and transfer of electrons[J]. J. Am. Chem. Soc, 2008,130:13364～13372

155. Tao R-H, Wu J-M, Xue H-X, et al. A novel approach to titania nanowire arrays as photoanodes of back-illuminated dye-sensitized solar cells[J]. J Power Sources, 2010, 195(9): 2989～2995

156. Watanabe H, Kunitake T. Spatial disposition of dye molecules within metal oxide nanotubes[J]. Chem. Mater, 2008, 20 (15): 4998～5004

157. Shankar K, Mor G K, Prakasam H E, et al. Self-assembled hybrid polymer-TiO_2 nanotube array heterojunction solar cells [J]. Langmuir, 2007, 23 (24): 12445～12449

158. Wang Y, Yang H, Liu Y, et al. The use of Ti meshes with self-organized TiO_2 nanotubes as photoanodes of all-Ti dye-sensitized solar cells [J]. Progress in Photovoltaics: Research and Applications, 2010, 18(4): 285～290

159. Zhang Z, Yuan Y, Liang L, et al. Preparation and photoelectrochemical properties of a hybrid electrode composed of polypyrrole encapsulated in highly ordered titanium dioxide nanotube array[J]. Thin Solid Films, 2008, 516(23):8663～8667

160. Jose R, Thavasi V, Ramakrishna S. Metal oxides for dye-sensitized solar Cells[J]. J Am Ceramic Soc, 2009, 92(2):289～301

161. Kuang D, Brillet J, Chen P, et al. Application of highly ordered TiO_2 nanotube arrays in flexible dye-sensitized solar cells[J]. ACS Nano, 2008, 2 (6):1113～1116

162. Hahn R, Stergiopoulus T, Macak J M, et al. Efficient solar

energy conversion using TiO_2 nanotubes produced by rapid breakdown anodization-a comparison[J]. Physica Status Solidi (RRL)-Rapid Research Letters, 2007, 1(4):135～137

163. Sun L, Zhang S, Sun X, He X. Effect of the geometry of the anodized titania nanotube array on the performance of dye-sensitized solar cells[J]. J Nanosci Nanotechn, 2010, 10(11):4551～4561

164. Ghicov A, Albu S P, Hahn R, Kim D, T Stergiopoulos, J Kunze, C-A Schiller, P Falaras, P Schmuki. TiO_2 nanotubes in dye-sensitized solar cells: Critical factors for the conversion efficiency[J]. Chemistry-An Asian Journal, 2009, 4(4):520～525

165. Zhu K, Vinzant T B, Neale N R, Frank A J. Removing structural disorder from oriented TiO_2 nanotube arrays: Reducing the dimensionality of transport and recombination in dye-sensitized solar Cells[J]. Nano Lett., 2007, 7 (12):3739～3746

166. Asahi R, Morikawa T, Ohwaki T, et al. Visible-light photocatalysis in nitrogen-doped titanium oxides[J]. Science, 2001, 293: 269～271

167. Shahed U M. Khan, Mofareh Al-Shahry, William B. Ingler Jr. Efficient photochemical water splitting by a chemically modified n-TiO_2 [J]. Science, 2002, 297(5590):2243～2245

168. Wang Y, Feng C X, Jin Z S, et al. A novel N-doped TiO_2 with high visible light photocatalytic activity[J]. J Molecular Catal A: Chem, 2006, 260:1～3

169. Li Q, Shang J K. Composite photocatalyst of nitrogen and fluorine codoped titanium oxide nanotube arrays with dispersed palladium oxide nanoparticles for enhanced visible light photocatalytic performance [J]. Environ. Sci. Technol., 2010, 44 (9):3493～3499

170. Li Q, Shang J K. Self-organized nitrogen and fluorine co-doped titanium oxide nanotube arrays with enhanced visible light photocatalytic performance[J]. Environ. Sci. Technol., 2009, 43 (23):8923～8929

171. Liu D, Xiao P, Zhang Y, et al. TiO_2 nanotube arrays annealed in N_2 for efficient lithium-ion intercalation[J]. J. Phys. Chem. C, 2008, 112 (30):11175~11180

172. Zhang J, Wang Y, Jin Z, et al. Visible-light photocatalytic behavior of two different N-doped TiO_2[J]. Appl Surf Sci, 2008, 254 (15):4462~4466

173. Huang L H, Sun C, Liu Y L. Pt/N-codoped TiO_2 nanotubes and its photocatalytic activity under visible light[J]. Appl Surf Sci, 2007, 253 (17):7029~7035

174. Vitiello R P, Macak J M, Ghicov A, et al. N-doping of anodic TiO_2 nanotubes using heat treatment in ammonia[J]. Electrochem Commun, 2006, 8(4):544~548

175. 石健，李军，蔡云法．具有可见光响应的C、N共掺杂TiO_2纳米管光催化剂的制备[J]. 物理化学学报，2008,7:1283~1286

176. 鲁娜,赵慧敏,全燮,等．氮掺杂TiO_2纳米管电极制备及可见光电催化活性[J]. 功能材料与器件学报，2008，14(1):65~69

177. 庄惠芳,赖跃坤,李静,等．氮掺杂TiO_2纳米管阵列的制备及其可见光光电催化活性研究[J]. 电化学，2007，13(3):284~287

178. Ghicov A, Macak J M, Tsuchiya H, et al. Ion implantation and annealing for an efficient N-doping of TiO_2 nanotubes[J]. Nano Lett., 2006, 6 (5):1080~1082

179. Lei L, Su Y, Zhou M, et al. Fabrication of multi-non-metal-doped TiO_2 nanotubes by anodization in mixed acid electrolyte[J]. Mater Research Bull, 2007, 42:2230~2236

180. Mohapatra S K, Misra M, Mahajan V K, Raja K S. Design of a highly efficient photoelectrolytic cell for hydrogen generation by water splitting: Application of $TiO_{2-x}C_x$ nanotubes as a photoanode and Pt/TiO_2 nanotubes as a cathode[J]. J. Phys. Chem. C, 2007, 111 (24):8677~8685

181. Yang H, Pan C. Synthesis of carbon-modified TiO_2 nanotube arrays for enhancing the photocatalytic activity under the visible light[J]. J

Alloys and Compounds, In Press, Available online 18 April, 2010

182. Park J H, Kim S, Bard A J. Novel carbon-doped TiO_2 nanotube arrays with high aspect ratios for efficient solar water splitting[J]. Nano Lett., 2006, 6(1):24~28

183. Mohapatra S K, Misra M, Mahajan V K, Raja K S. A novel method for the synthesis of titania nanotubes using sonoelectrochemical method and its application for photoelectrochemical splitting of water[J]. J Catal, 2007, 246(2):362~369

184. Chen X, Zhang X, Su Y, Lei L. Preparation of visible-light responsive P-F-codoped TiO_2 nanotubes[J]. Appl Surf Sci, 2008, 254(20):6693~6696

185. 陈秀琴，苏雅玲，张兴旺，雷乐成. 可见光响应型 S，F 共掺杂 TiO_2纳米管的制备[J]. 科学通报，2008，53(11):1274~1278

186. Tang X, Li D. Sulfur-doped highly ordered TiO_2 nanotubular arrays with visible light response[J]. J. Phys. Chem. C, 2008, 112(14): 5405~5409

187. Zhang Y, Fu W, Yang H, et al. Synthesis and characterization of P-doped TiO_2 nanotubes[J]. Thin Solid Films, 2009, 518(1):99~103

188. Li J, Lu N, Quan X, et al. Facile method for fabricating boron-doped TiO_2 nanotube array with enhanced photoelectrocatalytic properties [J]. Ind. Eng. Chem. Res., 2008, 47(11):3804~3808

189. Lu N, Quan X, Li J, et al. Fabrication of boron-doped TiO_2 nanotube array electrode and investigation of its photoelectrochemical capability[J]. J. Phys. Chem. C, 2007, 111(32):11836~11842

190. Su Y, Chen S, Quan X, et al. A silicon-doped TiO_2 nanotube arrays electrode with enhanced photoelectrocatalytic activity[J]. Appl Surf Sci, 2008,255:2167~2172

191. Fujishima A, Kawasaki T. Comment on "Efficient photochemical water splitting by a chemically modified n-TiO_2"(I)[J]. Science, 2003, 301:1673a

192. Hägglund C, Grätzel M, Kasemo B. Comment on "Efficient photochemical water splitting by a chemically modified n-TiO_2" (II) [J]. Science, 2003, 301:1673b

193. Lackner K S. Comment on "Efficient photochemical water splitting by a chemically modified n-TiO_2" (III) [J]. Science, 2003, 301:1673c

194. Shankar K, Tep K C, Mor G K, Grimes C A. An electrochemical strategy to incorporate nitrogen in nanostructured TiO_2 thin films: modification of bandgap and photoelectrochemical properties[J]. J. Phys. D-Appl. Phys, 2006, 39:2361～2366

195. Lindgren T, Mwabora J M, Avendano E, et al. Photoelectrochemical and optical properties of nitrogen doped titanium dioxide films prepared by reactive DC magnetron sputtering[J]. J. Phys. Chem. B,2003, 107:5709～5716

196. Nakamura R, Tanaka T, Nakato Y. Mechanism for visible light responses in anodic photocurrents at N-doped TiO2 film electrodes[J]. J. Phys. Chem. B, 2004, 108:10617～10620

197. Torres G R, Lindgren T, Lu J, Granqvist C G, Lindquist S E. Photoelectrochemical study of nitrogen-doped titanium dioxide for water oxidation[J]. J. Phys. Chem. B,2004, 108:5995--6003

198. Di Valentin C, Pacchioni G, Selloni A. Theory of carbon doping of titanium dioxide[J]. Chem. Mater, 2005, 17:6656～6665

199. Serpone N. Is the band gap of pristine TiO_2 narrowed by anionand cation-doping of titanium dioxide in second-generation photocatalysts[J]. J. Phys. Chem. B,2006, 110, 24287～24293

200. Batzill M, Morales E H, Diebold U. Influence of nitrogen doping on the defect formation and surface properties of TiO_2 rutile and anatase [J]. Phys Rev Lett, 2006, 96:026103

201. Mrowetz M, Balcerski W, Colussi A J, Hoffman M R. Oxidative power of nitrogen-doped TiO_2 photocatalysts under visible illumination[J].

J. Phys. Chem. B,2004, 108:17269～17273

202. Irie H, Watanabe Y, Hashimoto K. Nitrogen-concentration dependence on photocatalytic activity of $TiO_{2-x}N_x$ powders[J]. J. Phys. Chem. B,2003, 107:5483～5486

203. Dvoranova D, Brezova V, Mazur M, Malati M A. Investigations of metal-doped titanium dioxide photocatalysts [J]. Appl. Catal. B. Environ, 2002, 37: 91～105

204. Umebayashi T, Yamaki T, Itoh H, Asai K. Analysis of electronic structures of 3d transition metal-doped TiO_2 based on band calculations[J]. J. Phys. Chem. Solids,2002, 63:1909～1920

205. Davydov L, Reddy E P, France P, Smirniotis P G. Transition-metal-substituted titania-loaded MCM-41 as photocatalysts for the degradation of aqueous organics in visible light[J]. J. Catal, 2001, 203: 157～167

206. Bernasika A, Radeckab M, Rekasc M, Sloma M. Electrical properties of Cr- and Nb-doped TiO_2 thin films[J]. Appl Surf Sci, 1993, 65～66: 240～245

207. Jabatan K, Fakulti S. Photocatalytic oxidation of gas phase volatile organic compounds (VOCS) using nanostructure titanium dioxide based materials[R]. Universiti Teknologi Malaysia, 2007, Research Vote No. 74248

208. Wong W K, Malati M A. Doped TiO_2 for solar energy applications[J]. Solar Energy, 1986, 36(2):163～168

209. Velu S, Shah N, Jyothi T M, Sivasanker S. Effect of manganese substitution on the physicochemical properties and catalytic toluene oxidation activities of Mg-Al layered double hydroxides[J]. Microporous and Mesoporous Materials, 1999, 33(1～3), 61～75

210. Wei A C, Chao K J. Application of XAS on the characterization of heterogenous catalysts[J]. J. of Electron Spectroscopy & Related Phenomena, 2001, 119:175～184

211. Malati M A, Wong W K. Doping TiO_2 for solar energy applications[J]. Surface Tech, 22 (1984): 305～322

212. Su Y, Chen S, Quan X, et al. A silicon-doped TiO_2 nanotube arrays electrode with enhanced photoelectrocatalytic activity[J]. Appl Surf Sci, 2008, 255(5): 2167～2172

213. Fahim N F, Morks M F, Sekino T. Electrochemical synthesis of silica-doped high aspect-ratio titania nanotubes as nanobioceramics for implant applications[J]. Electrochimica Acta, 2009, 54(12):3255～3269

214. 刘海津,刘国光．电沉积制备掺杂二氧化钛纳米管阵列[J]. 第五届全国环境化学大会, 2009, 184

215. 白硕,丁冬雁,宁聪琴,等．Nb 掺杂 TiO_2纳米管的制备及其氢敏特性[J]. 纳米材料与结构, 2010, 47(3):147～151

216. 李静,孙岚,庄惠芳,等．铁掺杂 TiO_2纳米管阵列制备及其光电化学性质[J]. 电化学, 2008, 14(2):213～217

217. Andrei G, Bernd S, Julia K, Partrik S. Photoresponse in the visible range from Cr doped TiO_2 nanotubes[J]. Chem Phys Lett, 2007, 433:323～326

218. Meekins B H, Kamat P V. Got TiO_2 nanotubes? Lithium ion intercalation can boost their photoelectrochemical performance[J]. ACS Nano, 2009, 3(11):3437～3446

219. 李静,云虹,林昌健．铁掺杂 TiO_2纳米管阵列对不锈钢的光生阴极保护[J]. 物理化学学报, 2007, 23(12):1886～1892

220. Herrmann J-M, Disdier J, Pichat P. Effect of chromium doping on the electrical and catalytic properties of powder titania under UV and visible illumination[J]. Chem Phys Lett, 1984, 108(6):618～622

221. Wilke K, Breuer H D. The influence of transition metal doping on the physical and photocatalytic properties of titania[J]. J. Photochem. Photobiol. A: Chem, 1999, 121:49～53

222. Wilke K, Breuer H D. Transition metal doped titania: Physical properties and photocatalytic behaviour[J]. J. Phys. Chem, 1999, 213:

135～140

223. Davydov L, Reddy E P, France P, et al. Transition-metal-substituted titania-loaded MCM-41 as photocatalysts for the degradation of aqueous organics in visible light[J]. J Catal, 2001, 203:157～167

224. Yang L, He D, Cai Q, Grimes C A. Fabrication and catalytic properties of Co-Ag-Pt nanoparticle-decorated titania nanotube arrays[J]. J. Phys. Chem. C, 2007, 111 (23): 8214～8217

225. Yang L, Y Xiao, Zeng G, et al. Fabrication and characterization of Pt/C-TiO_2 nanotube arrays as anode materials for methanol electrocatalytic oxidation[J]. Energy Fuels, 2009, 23(6):3134～3138

226. Macak J. M, Barczuk P J, Tsuchiya H, et al. Self-organized nanotubular TiO_2 matrix as support for dispersed Pt/Ru nanoparticles: Enhancement of the electrocatalytic oxidation of methanol[J]. Electrochem Commun, 2005, 7(12):1417～1422

227. Chen H, Chen S, Quan X, Zhang Y. Structuring a TiO_2-based photonic crystal photocatalyst with schottky junction for efficient photocatalysis[J]. Environ Sci Technol, 2010, 44 (1):451～455

228. Wang C, Thompson R L, J Baltrus, Matranga C. Visible light photoreduction of CO_2 using CdSe/Pt/TiO_2 heterostructured catalysts[J]. J. Phys. Chem. Lett., 2010, 1(1):48～53

229. Kar A, Smith Y R, Subramanian V. Improved photocatalytic degradation of textile dye using titanium dioxide nanotubes formed over titanium wires[J]. Environ Sci Techn, 2009, 43:3260～3265

230. Chen Y, Crittenden J, Hackney S, et al. Preparation of a novel TiO_2-based p-n junction nanotube photocatalyst[J]. Environ Sci Techn, 2005, 39(5):1201～1208

231. Macak J. M, Schmidt-Stein F, Schmuki P. Efficient oxygen reduction on layers of ordered TiO_2 nanotubes loaded with Au nanoparticles [J]. Electrochem Commun, 2007, 9(7):1783～1787

232. Kafi A K M, Wu G, Chen A. A novel hydrogen peroxide

biosensor based on the immobilization of horseradish peroxidase onto Au-modified titanium dioxide nanotube arrays [J]. Biosensors and Bioelectronics, 2008, 24(4):566~571

233. Fang D, Huang K, Liu S, Qin D. High density copper nanowire arrays deposition inside ordered titania pores by electrodeposition[J]. Electrochem Commun, 2009, 11(4):901~904

234. Gandhi T, Raja K S, Misra M. Synthesis of ZnTe nanowires onto TiO_2 nanotubular arrays by pulse-reverse electrodeposition[J]. Thin Solid Films, 2009, 517(16): 4527~4533

235. Zhao G, Cui X, Liu M, et al. Electrochemical degradation of refractory pollutant using a novel microstructured TiO_2 nanotubes/Sb-doped SnO_2 electrode[J]. Environ. Sci. Technol., 2009, 43 (5): 1480~1486

236. Ghijsen J, Tjeng L H, Van Elp J, et al. Electronic structure of cuprous and cupric oxides [J]. Phys Rev B: Condensed Matter and Materials Physics, 1988, 38(16~A): 11322~11330

237. Wang W, Varghese O K, Ruan C, et al. Synthesis of CuO and Cu_2O crystalline nanowires using $Cu(OH)_2$ nanowire templates [J]. Journal of Materials Research, 2003, 18(12):2756~2759

238. Mor G K, Varghese O K, Wilke R H T, et al. p-Type Cu-Ti-O nanotube arrays and their use in self-biased heterojunction photoelectrochemical diodes for hydrogen generation [J]. Nano Letters, 2008, 8(7):1906~1911

239. Hou Y, Li X, Zou X, et al. Photoeletrocatalytic activity of a Cu_2O-loaded self-organized highly oriented TiO_2 nanotube array electrode for 4-chlorophenol degradation[J]. Environ. Sci. Technol., 2009, 43 (3): 858~863

240. Zhang Y-G, Ma L-L, Li J-L, Yu Y. In situ fenton reagent generated from TiO_2/Cu_2O composite film: a new way to utilize TiO_2 under visible light irradiation [J]. Environ. Sci. Technol., 2007, 41 (17): 6264~6269

241. Bjoerksten U, Moser J, Graetzel M. Photoelectrochemical studies on nanocrystalline hematite films[J]. Chem. Mater., 1994, 6 (6):858～863

242. Mor G K, Prakasam H E, Varghese O K, et al. Vertically oriented Ti-Fe-O nanotube array films: Toward a useful material architecture for solar spectrum water photoelectrolysis[J]. Nano Lett, 2007, 7(8):2356～2364

243. Kontos A I, Likodimos V, Stergiopoulos T, et al. Self-Organized Anodic TiO_2 Nanotube Arrays Functionalized by Iron Oxide Nanoparticles [J]. Chem. Mater., 2009, 21 (4): 662～672 Kuang S, Yang La, Luo S, Cai Q. Fabrication, characterization and photoelectrochemical properties of Fe_2O_3 modified TiO_2 nanotube arrays[J]. Applied Surface Science, 2009, 255(16): 7385～7388

244. Morin F J. Electrical properties of alpha-ferric oxide[J]. Physical Review, 1954, 93: 1195～1199

245. Gardner R F G, Sweett F, Tanner D W. The electrical properties of alpha. Ferric oxide. II. Ferric oxide of high purity[J]. Physics and Chemistry of Solids, 1963, 24(10):1183～1196

246. Chakrapani V, Tvrdy K, Kamat P V. Modulation of electron injection in CdSe-TiO_2 system through medium alkalinity[J]. J. Am. Chem. Soc., 2010, 132 (4): 1228～1229

247. Hsu M-C, Leu I-C, Y Sun -M, Hon M-H. Fabrication of CdS@ TiO_2 coaxial composite nanocables arrays by liquid-phase deposition[J]. J Crystal Growth, 2005, 285(4): 642～648

248. Lin C J, Yu Y H, Liou Y H. Free-standing TiO_2 nanotube array films sensitized with CdS as highly active solar light-driven photocatalysts [J]. Appl Catal B: Environ, 2009, 93(1～2): 119～125

249. Sun W-T, Yu Y, Pan H-Y, et al. CdS Quantum Dots Sensitized TiO_2 Nanotube-Array Photoelectrodes[J]. J. Am. Chem. Soc., 2008, 130 (4): 1124～1125

250. Zhang X, Lei L, Zhang J, et al. A novel CdS/S-TiO_2 nanotubes photocatalyst with high visible light activity [J]. Separation and Purification Technology, 2009, 66(2): 417～421

251. Zhang J, Zhang X, Lei L. Modification of TiO_2 nanotubes arrays by CdS and their photoelectrocatalytic hydrogen generation properties[J]. Chinese Science Bulletin, 2008, 53(12):1929～1932

252. Kang Q, Lu Q Z, Liu S H, et al. A ternary hybrid CdS/Pt-TiO_2 nanotube structure for photoelectrocatalytic bactericidal effects on Escherichia Coli[J]. Biomaterials, 2010, 31(12): 3317～3326

253. Bai J, Li J, Liu Y, et al. A new glass substrate photoelectrocatalytic electrode for efficient visible-light hydrogen production: CdS sensitized TiO_2 nanotube arrays [J]. Appl Catal B: Environ, 2010, 95(3～4): 408～413

254. Chen S, Paulose M, Ruan C, et al. Electrochemically synthesized CdS nanoparticle-modified TiO_2 nanotube-array photoelectrodes: Preparation, characterization, and application to photoelectrochemical cells [J]. J Photochem Photobiol A: Chem, 2006,177(2～3): 177～184

255. Wang D, Liu Y, Wang C, Zhou F, Liu W. Highly Flexible Coaxial Nanohybrids Made from Porous TiO_2 Nanotubes[J]. ACS Nano, 2009, 3 (5): 1249～1257

256. Song X-M, Wu J-M, Yan M. Distinct visible-light response of composite films with CdS electrodeposited on TiO_2 nanorod and nanotube arrays[J]. Electrochem Commun, 2009, 11(11): 2203～2206

257. Baker D R, Kamat P V. Photosensitization of TiO_2 nanostructures with CdS quantum dots: particulate versus tubular support architectures[J]. Adv Funct Mater, 2009, 19(5):805～811

258. Wang C, Sun L, Xie K, Lin C. Controllable incorporation of CdS nanoparticles into TiO_2 nanotubes for highly enhancing the photocatalytic response to visible light[J]. Science in China Series B: Chemistry, 2009, 52(12):2148～2155

259. Lai Y, Lin Z, Chen Z, et al. Fabrication of patterned CdS/TiO_2 heterojunction by wettability template-assisted electrodeposition[J]. Mater Lett, 2010, 64(11):1309~1312

260. Zhu W, Liu X, Liu H, et al. Coaxial heterogeneous structure of TiO_2 nanotube arrays with CdS as a superthin coating Synthesized via modified electrochemical atomic layer deposition[J]. J. Am. Chem. Soc, 2010, 132: 12619~12626

261. Gao X-F, Sun W-T, Hu Z-D, et al. An efficient method to form heterojunction CdS/TiO_2 photoelectrodes using highly ordered TiO_2 nanotube array films[J]. J. Phys. Chem. C, 2009, 113 (47): 20481~20485

262. Shen Q, Sato T, M Hashimoto, Chen C, T Toyoda. Photoacoustic and photoelectrochemical characterization of CdSe-sensitized TiO_2 electrodes composed of nanotubes and nanowires[J]. Thin Solid Films, 2006, 499(1~2): 299~305

263. Si H-Y, Sun Z-H, Zhang H-L. Photoelectrochemical response from CdSe-sensitized anodic oxidation TiO_2 nanotubes[J]. Colloids and Surfaces A: Physicochem Eng Aspects, 2008, 313~314:604~607

264. Lee W, Kang S H, Min S K, et al. Co-sensitization of vertically aligned TiO_2 nanotubes with two different sizes of CdSe quantum dots for broad spectrum[J]. Electrochem Commun, 2008, 10(10):1579~1582

265. Kosanovic T, Karoussos D, Bouroushian M. CdSe electrodeposition on anodic, barrier or porous Ti oxides. A sensitization effect[J]. J Solid State Electrochem,2010, 14(2):241~248

266. Yang L, Luo S, Liu R, et al. Fabrication of CdSe nanoparticles sensitized long TiO_2 nanotube arrays for photocatalytic degradation of anthracene-9-carbonxylic acid under green monochromatic light[J]. J. Phys. Chem. C,2010, 114: 4783~4789

267. Zhang H, Quan X, Chen S, et al. "Mulberry-like" CdSe nanoclusters anchored on TiO_2 nanotube arrays: A novel architecture with remarkable photoelectrochemical performance[J]. Chem. Mater, 2009,

21: 3090～3095

268. J Seabold A, Shankar K, Wilke R H T, et al. Photoelectrochemical properties of heterojunction CdTe/TiO_2 electrodes constructed using highly ordered TiO_2 nanotube arrays[J]. Chem. Mater., 2008, 20 (16): 5266～5273

269. Tiefenbacher S, Pettenkofer C, Jaegermann W. Ultrahigh vacuum preparation and characterization of TiO_2/CdTe interfaces: Electrical properties and implications for solar cells[J]. Journal of Applied Physics, 2002, 91(4): 1984～1987

270. Rakhshani A E. Preparation, Characteristics andphotovoltaic properties of cuprous-oxide: a Review[J]. Solid-State Electron, 1986, 29: 7～17

271. Rai B P. Cu_2O solar-cells: a Review[J]. Solar Cells, 1988, 25: 265～272

272. Li G S, Zhang D Q, J Yu C. A new visible-light photocatalyst: CdS quantum dots embedded mesoporous TiO_2 [J]. Environ. Sci. Technol., 2009, 43 (18): 7079～7085

273. Robel I, Subramanian V, Kuno M, Kamat P V. Quantum dot solar cells: harvesting light energy with CdSe nanocrystals molecularly linked to mesoscopic TiO_2 films[J]. J. Am. Chem. Soc., 2006, 128 (7): 2385～2393

274. Wang G, Yang X, Qian F, et al. Double-sided CdS and CdSe quantum dot co-sensitized ZnO nanowire arrays for photoelectrochemical hydrogen generation[J]. Nano Lett., 2010, 10 (3): 1088～1092

275. Chen Z, Wang G, Xu G. Colloid and Interface Chemistry[M]. Beijing: Higher Education Press, 2001

276. Derjaguin B V, Laudau L. Theory of the stability of strongly charged lyophobic sols and of the adhesion of strongly charged particles in solutions of electrolytes[J]. Acta Physicochim, USSR 14 (1941): 633～662

277. Verwey E J W, Overbeek J Th G. Theory of Stability of Lyophobic Colloids[M]. Elsevier, Amsterdam, 1948

278. 沈钟，王果庭．胶体与表面化学(第 2 版)[M]. 北京：化学工业出

版社，1997

279. 赵振国．应用胶体与界面化学[M]. 北京：化学工业出版社，2008

280. Zhou J，Lu X，Wang Y，Shi J. Molecular dynamics study on ionic hydration[J]. Fluid Phase Equilibria，2002，194～197：257～270

281. Tansel B，Sager J，Rector T，et al. Significance of hydrated radius and hydration shells on ionic permeability during nanofiltration in dead end and cross flow modes [J]. Separation and Purification Technology，2006，51(1)：40～47

282. 顾宏堪．离子水合力与电荷号大小的顾函数标度[J]. 海洋与湖泊，1998，29(2)：206～211

283. 赵凤起，胡荣祖，徐司雨，高红旭，仪建华．估算正负离子标准水合焓的一种简易方法[J]. 含能材料，2007，15(6)：664～665

284. Guoy G. Sur la constitution de la charge électrique *à* la surface dùn electrolyte[J]. J. Phys，1910，9(4)：457～466

285. Stern O. Zur theorie der elektrischen doppel schicht[J]. Z. Elektrochem，1924，30：508～516

286. Grahame D C. Diffuse double layer theory for electrolytes of unsymmetrical valence types[J]. J. Chem. Phys，1953，21：1054～1061

287. Ruckenstein E，Manciu M. The coupling between the hydration and double Layer interactions[J]. Langmuir，2002，18 (20)：7584～7593

288. Manciu M，Ruckenstein E. Role of the hydration force in the stability of colloids at high ionic strengths[J]. Langmuir，2001，17 (22)：7061～7070

289. Tauc J，R Grigorovici，Vancu A. Optical properties and electronic structure of amorphous germanium[J]. phys. Stat. sol，1966，15：627～637

290. Tsay Y F，Paul D K. Electronic structure and optical properties of amorphous Ge and Si，Phys. Rev. B，1973，8：2827～2832

291. Yang Y，Fang H，Zheng J，et al. Towards the understanding of poor electrochemical activity of triclinic $LiVOPO_4$：Experimental

characterization and theoretical investigations[J]. Solid State Sciences, 2008, 10(10): 1292～1298

292. Reddy K M, Manorama S V, Reddy A R. Bandgap studies on anatase titanium dioxide nanoparticles [J]. Materials Chemistry and Physics, 2002, 78: 239～245

293. Chen J Y, Leng Y X, Tian X B, et al. Antithrombogenic investigation of surface energy and optical bandgap and hemocompatibility mechanism of Ti(Ta^{+5})O_2 thin films[J]. Biomaterials, 2002, 23(12): 2545～2552

294. Sankapal B R, Lux-Steiner M Ch, Ennaoui A. Synthesis and characterization of anatase-TiO_2 thin films[J]. Applied Surface Science, 2005, 239(2): 165～170

295. Hogarth C A, Al-Dhhan Z T. Optical absorption in thin films of cerium dioxide and cerium dioxide containing silicon monoxide[J]. Phys. Status Solidi B, 1986, 137: K157～K160

296. Vu Q-T, Pavlik M, Hebestreit N, et al. Nanocomposites based on titanium dioxide and polythiophene: Structure and properties [J]. Reactive and Functional Polymers, 2005, 65(1～2): 69～77

297. S K Poznyak, D V Talapin, A I Kulak. Optical properties and charge transport in nanocrystalline TiO_2-In_2O_3 composite films[J]. Thin Solid Films, 2002, 405(1～2): 35～41

298. Singh A P, Kumari S, Tripathi A, et al. Improved photoelectrochemical response of titanium dioxide irradiated with 120 MeV Ag^{9+} ions [J]. J. Phys. Chem. C, 2010, 114 (1): 622～626

299. Blackburn J L, Selmarten D C, Nozik A J. Electron transfer dynamics in quantum dot/titanium dioxide composites formed by in situ chemical bath deposition [J]. J. Phys. Chem. B, 2003, 107 (51): 14154～14157

300. Dibbell R S, Youker D G, Watson D F. Excited-state electron transfer from CdS quantum dots to TiO_2 nanoparticles via molecular linkers

with phenylene bridges[J]. The Journal of Physical Chemistry C, 2009, 113 (43): 18643～18651

301. Mora-Sero I, Gimenez S, Fabregat-Santiago F, et al. Recombination in quantum dot sensitized solar cells[J]. Chem. Res., 2009, 42(11):1848～1857

302. Shiang J J, Risbud S H, Alivisatos A P. Resonance Raman studies of the ground and lowest electronic excited state in CdS nanocrystals[J]. J. Phys. Chem, 1993, 98:8432～8442

303. Gichuhi A, Boone B E, Shannon C. Resonance Raman scattering and scanning tunneling spectroscopy of CdS thin films grown by electrochemical atomic layer epitaxy-thickness dependent phonon and electronic properties [J]. J. Electroanal. Chem, 2002, 522:21～25

304. Tristao J C, Magalhaes F, Corio P, Sansiviero M. T. C. Electronic characterization and photocatalytic properties of CdS/TiO_2 semiconductor composite[J]. Journal of Photochemistry and Photobiology A: Chemistry, 2006, 181: 152～157

305. Banerjee S, Jia S, Kim D I, et al. Raman microprobe analysis of elastic strain and fracture in electrophoretically deposited CdSe nanocrystal films[J]. Nano Lett., 2006, 6(2):175～180

306. Lee Y-L, Chi C-F, Liau S-Y. CdS/CdSe co-sensitized TiO_2 photoelectrode for efficient hydrogen generation in a photoelectrochemical cell [J]. Chem. Mater., 2010, 22 (3): 922～927

307. Niitsoo O, Sarkar S K, Pejoux C, Rühle S. Chemical bath deposition CdS/CdSe-sensitized porous TiO_2 solar cells[J]. Journal of Photochemistry and Photobiology A: Chemistry, 2006, 181:306～313

308. Lee Y-L, Lo Y-S. Highly efficient quantum-dot-sensitized solar cell based on co-sensitization of CdS/CdSe[J]. Adv. Funct. Mater, 2009, 19:604～609

309. Lee H J, Bang J, Park J, et al. Multilayered semiconductor (CdS/CdSe/ZnS)-sensitized TiO_2 mesoporous solar cells: All prepared by

successive ionic layer adsorption and reaction processes[J]. Chem. Mater, In press. DOI:10.1021/cm102024s

310. Ning Z, Tian H, Qin H, et al. Wave-function engineering of CdSe/CdS core/shell quantum dots for enhanced electron transfer to a TiO_2 substrate[J]. J. Phys. Chem. C, 2010, 114: 15184～15189

311. Myung Y, Jang D M, Sung T K, et al. Composition-tuned ZnO-CdSSe core-shell nanowire arrays[J]. ACS Nano, 2010, 4(7): 3789～3800

312. Zhang J, Zhang X, Zhang J Y. Dependence of microstructure and luminescence on shell layers in colloidal CdSe/CdS core/shell nanocrystals [J]. J. Phys. Chem. C, 2010, 114: 3904～3908

313. Luo Y, Wang L W. Electronic Structures of the CdSe/CdS Core-Shell Nanorods[J]. ACS Nano, 2010, 4(1):91～98

314. Garrett M De, Dukes III A D, McBride J R, et al. Band Edge Recombination in CdSe, CdS and CdSxSe1-x Alloy Nanocrystals Observed by Ultrafast Fluorescence Upconversion: The Effect of Surface Trap States [J]. J. Phys. Chem. C, 2008, 112, 12736～12746

315. Lupo M G, Sala F D, Carbone L, et al. Ultrafast Electron-Hole Dynamics in Core/Shell CdSe/CdS Dot/Rod Nanocrystals[J]. Nano Lett, 2008, 8(12):4582～4587

316. 天津大学无机化学教研室．无机化学(第3版)[M]. 北京:高等教育出版社,2002

317. Hodes, G, 等．纳米材料电化学[M]. 赵辉译．北京:科学出版社,2006

318. Huang S-Y, Ganesan P, Park S, Popov B N. Development of a titanium dioxide-supported platinum catalyst with ultrahigh stability for polymer electrolyte membrane fuel cell applications[J]. J. Am. Chem. Soc., 2009, 131:13898～13899

319. Handbook of Chemistry and Physics, 78th ed., CRC Press., Florida, Florida, 1997

图书在版编目(CIP)数据

TiO_2纳米管阵列的沉积改性与物性研究/盘荣俊,吴玉程著.—合肥:合肥工业大学出版社,2012.4

ISBN 978-7-5650-0708-8

Ⅰ.①T… Ⅱ.①盘…②吴… Ⅲ.①二氧化钛—纳米材料—研究 Ⅳ.①TB383

中国版本图书馆 CIP 数据核字(2012)第 066493 号

TiO_2纳米管阵列的沉积改性与物性研究

盘荣俊 吴玉程 著　　　责任编辑 权 怡

出 版	合肥工业大学出版社	版 次	2012年4月第1版
地 址	合肥市屯溪路193号	印 次	2012年4月第1次印刷
邮 编	230009	开 本	710毫米×1000毫米 1/16
电 话	总编室:0551—2903038	印 张	9.5
	发行部:0551—2903198	字 数	145千字
网 址	www.hfutpress.com.cn	印 刷	安徽省瑞隆印务有限公司
E-mail	hfutpress@163.com	发 行	全国新华书店

ISBN 978-7-5650-0708-8　　　定价:22.00元